Birgit Haake, Nicola Zech

Revenue Management im MICE

Erträge im Hotel und Eventmanagement optimieren

UVK Verlag · München

Umschlagabbildung: © sanjeri · iStock
Autorenfoto Birgit Haake: © privat
Autorenfoto Nicola Zech: © privat

Bibliografische Information der Deutschen Bibliothek

Die Deutsche Bibliothek verzeichnet diese Publikation in der Deutschen Nationalbibliografie; detaillierte bibliografische Daten sind im Internet über http://dnb.dnb.de abrufbar.

1. Auflage 2021

– ein Unternehmen der Narr Francke Attempto Verlag GmbH + Co. KG
Dischingerweg 5 · D-72070 Tübingen

Internet: www.narr.de
eMail: info@narr.de

CPI books GmbH, Leck

ISBN 978-3-7398-3044-5 (Print)
ISBN 978-3-7398-8044-0 (ePDF)
ISBN 978-3-7398-0099-8 (ePub)

Birgit Haake | Nicola Zech

Revenue Management im MICE

Erträge im Hotel und Eventmanagement optimieren

Birgit Haake verfügt über mehr als 25 Jahre Praxiserfahrung in der internationalen Hotellerie und war in verschiedenen Führungspositionen tätig. Sie hat eine abgeschlossene Ausbildung zur Hotelfachfrau und ist Diplom-Kauffrau. Mit ihrem Unternehmen „Haake Revenue4U" berät sie Individualhotels und Hotelketten in Deutschland und Europa in den Bereichen Total Revenue Management, Reservierungs- und Veranstaltungsmanagement, Pricing und der Online Distribution sowie zum agilen Projektmanagement. Ferner arbeitet sie als systemische Trainerin und ist seit 2010 Dozentin an ASCENSO Akademie für Business und Medien in Palma und an der IU Internationale Hochschule Campus München und Leipzig.

Prof. Dr. Nicola Zech hat seit 2016 eine Professur für Tourismuswirtschaft an der IU Internationale Hochschule Campus München inne. Zudem ist sie dort Fachgebietsleiterin Tourism, Hospitality & Event (Campus Studies, Duales Studium und Fernstudium). Vor ihrer Promotion war sie in verschiedenen Führungspositionen in der internationalen Hotellerie tätig – u.a. im administrativen und operativen MICE-Management. Hobbymäßig betreibt Nicola Zech eine Eventlocation im Münchner Norden.

Vorwort

Während der Einsatz von Revenue Management bereits in weiten Teilen des touristischen Angebots (bei Fluggesellschaften, Hotelzimmern, Autovermietungen usw.) fest verankert ist, steckt die Anwendung der Revenue-Management-Prinzipien und der dynamischen Preisgestaltung im Veranstaltungsbereich noch in den Kinderschuhen. Obwohl die signifikanten Umsatz- und Gewinnsteigerungen durch systematisch angewandtes Revenue Management in anderen Sparten mittlerweile unbestritten sind, fehlt es Veranstaltungsstätten vielfach am tiefen Verständnis und den Rahmenbedingungen, die eine Implementierung des Revenue Managements in diesem Bereich ermöglichen.

Deutschland ist traditionell ein wichtiger Markt für die Veranstaltungsbranche (z.B. Seminare, Kongresse, Messen). Jedoch stellt nicht nur der intensive Wettbewerb, sondern auch die Digitalisierung sowie hybride Veranstaltungsformate Hotels und Veranstaltungsstätten aller Art vor neue Herausforderungen. Dabei geht eine anzustrebende Anpassung des Produktes bzw. der Dienstleistung mit der Anpassung der Preisstrategien einher. Revenue Management ist dabei als ein essenzielles Managementkonzept anzusehen. Die Auswirkungen der COVID-19-Pandemie ab dem Frühjahr 2020 haben die Notwendigkeit, Prozesse und Angebote den aktuellen Gegebenheiten anzupassen, weiter verstärkt.

Dieses Fachbuch führt Schritt für Schritt in das Revenue Management im MICE (Meetings, Incentives, Conventions und Exhibitions) ein. Der erste Teil widmet sich den wichtigsten theoretischen Grundlagen und Voraussetzungen. Ziel ist es hier, ein einheitliches Verständnis für Begriffe und Methoden in der Branche zu erzielen. Es folgt eine detaillierte Betrachtung des relevanten Marktes in Deutschland. Ergänzt werden diese Erkenntnisse durch empirische Ergebnisse, gewonnen durch eine von den Autorinnen durchgeführte Marktstudie. Im letzten Teil werden Anforderungen, Rahmenbedingungen und Kennzahlen für die praktische Umsetzung in den Veranstaltungsstätten vorgestellt. Das Augenmerk liegt klar auf einer angestrebten Ertragsoptimierung im Sinne eines Total-Revenue-Management-Ansatzes.

Das vorliegende Buch ist eine Pflichtlektüre für Hotels und Veranstaltungsstätten, um für die zukünftigen Herausforderungen im strategischen Management von Veranstaltungen gerüstet zu sein. Den Autorinnen ist es ein Anliegen, die komplexen Zusammenhänge sowie die wissenschaftlichen Grundlagen in einem sich wandelnden Markt einfach und verständlich darzustellen. Der Anspruch besteht insbesondere darin, die Implementierung von Revenue-Management-Prinzipien für den Veranstaltungsbereich als Praxisleitfaden darzustellen. Des Weiteren dient das Buch als Grundlagenliteratur in den entsprechenden Ausbildungseinrichtungen und Studiengängen.

In der Praxis hat sich der Begriff MICE als Sammelbegriff für die Organisation und die Durchführung von Tagungen und Veranstaltungen durchgesetzt. Im Zusammenhang mit Revenue Management wird daher häufig von *Revenue Management im MICE* gesprochen, in der englischsprachigen Literatur findet man hingegen die Begriffe *Function Space Revenue Management* oder *Revenue Management for Meetings & Events*. Der Einfachheit halber wird im Folgenden primär der Begriff *Function Space Revenue Management* genutzt.

Leipzig und München im Sommer 2021

Birgit Haake, Nicola Zech

Genderhinweis

Das Buch ist aus Gründen der besseren Lesbarkeit in männlicher Form geschrieben. Die Verwendung der männlichen Form schließt alle anderen Geschlechter stets mit ein.

Inhalt

1 Grundlagen des Yield & Revenue Managements

1.1 Geschichte des Revenue Managements

Die Geburtsstunde des Yield Managements wird auf die Deregulierung des kommerziellen Luftverkehrs in den Vereinigten Staaten im Jahre 1978 zurückgeführt. Der Wegfall der Preiskontrolle führte zu harten Preiskämpfen zwischen den neu entstandenen, kleinen Fluggesellschaften und den etablierten Großunternehmen im Luftverkehr. Mit ihren günstigen Kostenstrukturen konnten die neu entstandenen Fluggesellschaften günstigere Tarife als die etablierten Fluggesellschaften anbieten. Die Fluggesellschaft American Airlines entwickelte daraufhin einen Ansatz zur segmentierten Preis- und Kapazitätssteuerung. Im Rahmen des Kapazitätsmanagements wurden die Sitzplätze in unterschiedliche Buchungsklassen aufgeteilt. Es gab einen günstigen Tarif, der in einer bestimmten Anzahl an die Leisure-Reisenden als Antwort auf die Billig-Airlines angeboten wurde, sowie Tarife und Sitzplatzkontingente für die später buchenden Geschäftsreisenden, um so eine Gewinnsteigerung zu erreichen. In den 1980er-Jahren hielt das Yield Management dann Einzug in der Hospitality Industry in Nordamerika und die großen Hotelgesellschaften (wie Marriott, Hilton usw.) starteten ansatzweise mit Revenue Management.

In den letzten Jahrzehnten hat sich das Yield Management von einem autonomen und eher taktischen Ansatz der Gästezimmerverwaltung (Cross/Higbie/Cross 2009, S. 56) zu einem ganzheitlichen und kundenzentrierten Ansatz entwickelt, der die strategische Gewinnmaximierung, über die reine Zimmerverwaltung hinaus, in den Vordergrund stellt.

In diesem Zusammenhang spricht man heute von *Strategic Profit Management*, das eine strategischere Perspektive einnimmt und einen ganzheitlichen Ansatz erfordert. (Noone/Enz/Glassmire, 2017)

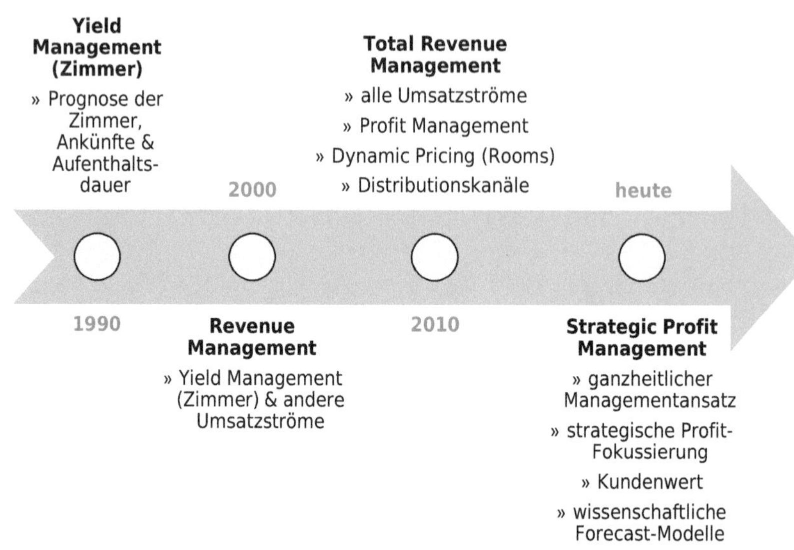

Abb. 1: Entwicklung des Revenue Managements in der Hotellerie
Quelle: eigene Darstellung

→ Abb. 1 zeigt die Entwicklung des Revenue Managements von einer Prognose der Ankünfte und Aufenthaltsdauern bis hin zu einem ganzheitlichen Managementansatz.

1.2 Anwendungsvoraussetzungen

Die Airline-Industrie und die Hotellerie besitzen nahezu die gleichen Merkmale (Kimes 1989, S. 15), die als wesentliche Voraussetzung für die Anwendung des Yield Managements bzw. Revenue Management dienen.

- Sie verfügen über relativ starre, fixe Kapazitäten,
- haben „verderbliche" Kapazitäten bzw. keine Lagerfähigkeit der Kapazität,
- bieten die Möglichkeit der Vorausbuchung,
- ermöglichen die Unterteilung der Kunden in homogene Marktsegmente,

» sind starken Nachfrageschwankungen ausgesetzt,
» haben geringe Grenzkosten für die Leistungserstellung und
» sind mit hohen Fixkosten für die Kapazitätserweiterung konfrontiert.

Die Hotelimmobilie verfügt über feste Kapazitäten (Zimmer/Veranstaltungsräume), die nicht bzw. nur durch hohe Investitionskosten verringert oder erhöht werden können.

Weder ein Hotelzimmer noch ein Veranstaltungsraum, die für eine Nacht oder einen Tag nicht verkauft wurden und leer stehen, können an einem anderen Tag mit starker Nachfrage nachträglich verkauft werden.

Die Reisenden weisen unterschiedliche Bedürfnisse (z. B. Zimmerkategorien), Buchungsmuster (Lead Time, Aufenthaltsdauer) und Preisbereitschaften auf. Veranstaltungsplaner haben unterschiedliche Anforderungen und Zielsetzungen. Es ist daher wichtig, dass das Hotel die Gäste in homogene Segmente gruppiert, die das gleiche Buchungsverhalten und die gleiche Preisbereitschaft aufweisen.

Die unterschiedlichen Lead Times (Vorlaufzeiten) für Buchungen führen dazu, dass das Hotel mit einer gewissen Unsicherheit konfrontiert ist. (Kimes 1989, S. 16) Soll das Hotel die Meeting-Anfrage für zehn Teilnehmer, die einen Tagungsraum für eine Tagesveranstaltung weit im Voraus bucht, akzeptieren oder warten, ob eine Buchung mit mehr Teilnehmern inkl. Übernachtung anfragt?

Die Nachfrage schwankt in Abhängigkeit von Saisonzeiten, Wochentagen und speziellen Ereignissen in einem Hotel. Durch eine Preisdifferenzierung und Kapazitätssteuerung können diese Schwankungen gemäßigt werden, d.h. Anpassung der Preise und Kapazitäten nach Angebot und Nachfrage.

Hat ein Hotel bereits ein Zimmer verkauft, sind die Grenzkosten für den Verkauf eines weiteren Zimmers gering, denn das Personal ist bereits im Hotel. (Kimes 1989, S. 17) Hingegen ist die Erweiterung der Kapazitäten in der Regel mit hohen Fixkosten verbunden.

Wenngleich viele Dienstleistungsbranchen diese Voraussetzungen besitzen, sind die Techniken des Revenue Managements, die für eine Branche entwickelt wurden, nicht immer direkt in anderen Branchen oder anderen Bereichen des Hotels anwendbar. (Kimes 1989b, S. 15)

Häufig sind die Variablen in anderen Branchen und Bereichen komplex und mehrdimensional. So bestehen Hoteldienstleistungen vielfach aus mehreren Phasen (z.B. mehrtägige Aufenthalte) oder mehreren Komponenten (z.B. Beherbergung, Speisen, Getränke und Veranstaltungskapazitäten, etc.). Die isolierte Anwendung des Revenue Managements auf nur einen Bereich, z.B. die Hotelzimmer, um hier das optimale Ergebnis basierend auf dem Zimmerpreis zu erreichen, steht im Konflikt mit der Maximierung der gesamten Erträge eines Hotels. (Kimes 1989b, S. 15)

1.3 Begriffe Abgrenzungen und Definitionen

Yield Management wird häufig als *Ertragsmanagement* oder *Ertragssteuerung* übersetzt. Allerdings zielt Yield Management nicht allein darauf ab, die Erträge zu steuern, sondern darauf, den Gesamtumsatz einer Betriebseinheit zu optimieren. (Daudel/Vaille 1992, S. 35) Analog zur Airline-Industrie befasst sich Yield Management im Hotel mit dem Verkauf des richtigen Produkts an den richtigen Kunden zum richtigen Preis zur Ertragssteigerung. (Kimes 1989, S. 15) Es beschäftigt sich mit der Kapazitätssteuerung und dem Pricing und stellt eine ertragsorientierte Preis-Mengen-Steuerung dar.

Es existieren eine Vielzahl von Definitionen des Yield und Revenue Managements. So definieren Corsten und Stuhlmann: „Yield Management ist ein Ansatz zur integrierten Preis- und Kapazitätssteuerung, mit dem Ziel, eine gegebene Gesamtkapazität so in Teilkapazitäten aufzuteilen und hierzu Preisklassen zu bilden, dass [sic] eine Ertrags- und Umsatzmaximierung erreicht wird. Zur Realisation dieses Anspruches dient [sic] der Aufbau und die Nutzung einer umfassenden Informationsbasis" (Corsten/Stuhlmann 1998, S. 7).

Klein und Steinhardt sind der Ansicht: „Revenue Management umfasst eine Reihe von quantitativen Methoden zur Entscheidung über Annahme oder Ablehnung unsicherer, zeitlich verteilt eintreffender Nachfrage unterschiedlicher Wertigkeit. Dabei wird das Ziel verfolgt, die in einem begrenzten Zeitraum verfügbare, unflexible Kapazität möglichst effizient zu nutzen“ (Klein/Steinhardt 2008, S. 7).

Trotz unterschiedlicher Definitionen beschreibt ein Satz das Hauptziel des Revenue Managements einfach und klar:

> Ziel des Revenue Managements ist es, das richtige Produkt zum richtigen Zeitpunkt an den richtigen Gast zum richtigen Preis über den richtigen Kanal zu verkaufen, um eine Gewinnmaximierung zu erreichen.

Über die Jahre hat sich der Begriff *Revenue Management* in der Hotellerie durchgesetzt, der oftmals synonym mit dem Begriff *Yield Management* verwendet wird.

Allerdings geht der Revenue-Management-Ansatz über die reine Kapazitäts- und Preissteuerung hinaus. Yield Management ist ein Teil des Revenue Managements und beschäftigt sich primär mit der taktischen Steuerung der Kapazitäten und des richtigen Preises.

Revenue Management wird zunehmend auf weitere Umsatzströme eines Hotels angewendet. Total Revenue Management umfasst neben den weiteren Umsatzströmen ein tieferes Verständnis des Kundenwertes und eine Verschiebung der Umsatzkennzahlen zu gewinnorientierten Kennzahlen. Es berücksichtigt dabei die Distributionskosten und operativen Kosten. (Noone/Enz/Glassmire 2017, S. 5)

Total Revenue Management ist heute ein ganzheitliches Managementkonzept, welches eine optimale Ausrichtung auf Menschen, Prozesse und Technologie sowie deren Balance und das Zusammenspiel im Hotel erfordert. Es verfolgt einen integrierten Ansatz und ist zunehmend strategischer und langfristig ausgerichtet.

Die → Abb. 2 zeigt den Revenue-Management-Kreislauf als Kernprozess in einem Zusammenspiel von Menschen, Prozessen und Technologie innerhalb eines Unternehmens und dessen Umfeld.

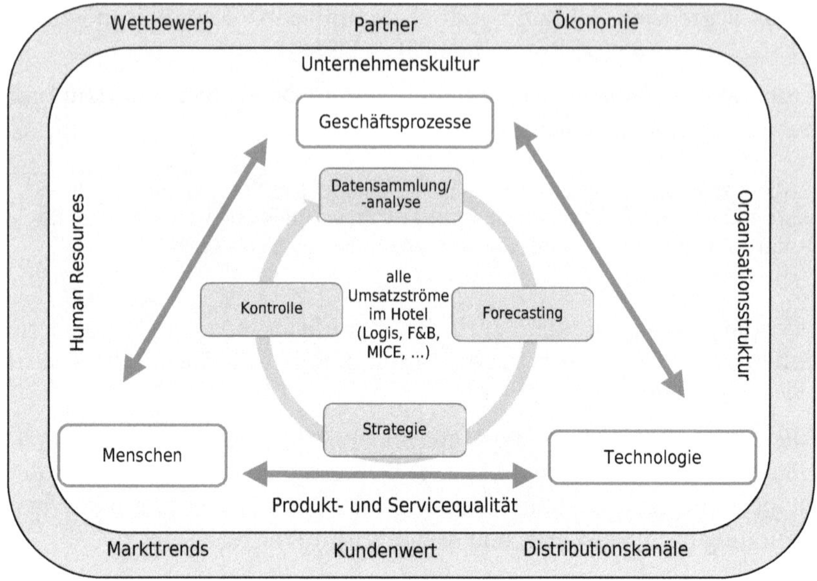

Abb. 2: Ganzheitlicher Revenue-Management-Ansatz
Quelle: eigene Darstellung in Anlehnung an Noone, Enz, Glassmire, 2017, Exhibit 8

1.4 Revenue Management für MICE

Tagungen, Kongresse und Events machen in vielen Hotels mehr als 60 % des Gesamtertrages aus. Im Rahmen einer Umfrage der School of Hotel Administration at Cornell University im Jahre 2010 gaben Revenue-Management-Experten an, dass Revenue Management im Jahr 2015 auf alle Einnahmequellen, und im Besonderen auf Veranstaltungsflächen, angewendet werden würde. In der Wiederholung der Umfrage sechs Jahre später gaben die Befragten an, dass dies nach wie vor in Arbeit ist, wobei *Function Space* als der Bereich genannt wurde, der am weitesten fortgeschritten war. (Kimes 2017, S.6)

Wieso fällt es der Hotellerie dennoch schwer, die Kenntnisse und die Prinzipien des Revenue Management auf weitere Einnahmenquellen wie MICE anzuwenden?

Function Space Revenue Management ist komplex.

Anders als beim Verkauf eines Hotelzimmers sind hier unterschiedliche Abteilungen, Systeme und Umsatzströme in den Wertschöpfungsprozess der Veranstaltungen im Hotel involviert.

Eine Vielzahl von Datenquellen und Systemen liefern Informationen, die für das Revenue Management die notwendige Basis darstellen. Häufig führen aber technische Systembrüche durch fehlende und nahtlose Schnittstellen zum Sales&Catering-System sowie uneinheitliche Datenstandards zum Informationsverlust oder zu unstrukturierten, isolierten Daten. Des Weiteren haben sich die klassischen Sales&Catering-Systeme in den vergangenen Jahrzehnten kaum weiterentwickelt und sind primär auf die operativen Prozesse und die Verwaltung von Veranstaltungen ausgerichtet. Sie sind eingeschränkt in den Daten und Informationen, die sie den verschiedenen Teammitgliedern zur Verfügung stellen, um die richtigen Entscheidungen zu treffen.

Ebenso ist eine Vielzahl von Abteilungen eines Hotels an den Entscheidungen und dem Wertschöpfungsprozess von Veranstaltungen beteiligt. Die Arbeitsprozesse der einzelnen Abteilungen sind vielfach nicht aufeinander abgestimmt und führen zu Systembrüchen im gesamten Geschäftsprozess des Veranstaltungsverkaufs. Diese Silomentalität einzelner Abteilungen führt zu einer divergenten Zielverfolgung. Hierbei spielt auch die Art und Weise der Incentivierung von Abteilungsverantwortlichen eine entscheidende Rolle. Bei unterschiedlichen Zielsetzungen kann so z.B. die Verkaufsabteilung auf die Möglichkeit einer höheren Zimmerrate verzichten, um eine hohe Auslastung bzw. Umsatz im MICE als vorgegebenes Verkaufsziel zu erreichen.

Die heterogene, multiple Systemlandschaft führt dazu, dass nicht oder nur aufwendig die einzelnen Umsatzströme, die bei einer Veranstaltung generiert werden, zentral und vollständig nach Segment oder Veranstaltungsart erfasst werden können. Hinzu kommt die Schwierigkeit einer genauen Zuordnung der Kosten. Im Sinne einer Gewinnoptimierung muss das Hotel alle Hotelumsätze sowie die betrieblichen Aufwendungen berücksichtigen. Die Ermittlung und Kenntnis zur Ermittlung von Break-even und Profit-Margins sind hierfür eine Grundvoraussetzung.

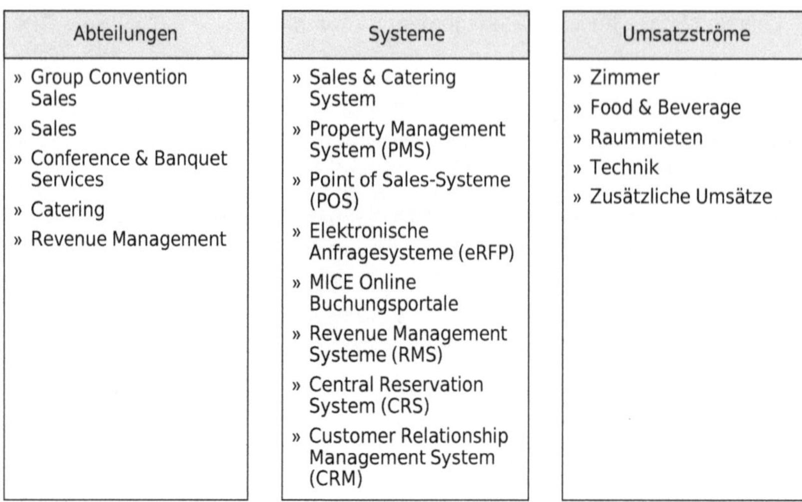

Abb. 3: Variablen im Function Space Revenue Management
Quelle: eigene Darstellung

→ Abb. 3 zeigt die Komponenten, die in den Wertschöpfungsprozess der Veranstaltungen involviert sind und denen zufolge das Function Space Revenue Management eine gewisse Komplexität aufweist.

Zusammenfassung

Yield Management hat seinen Ursprung Ende der 1970er Jahre im kommerziellen Luftverkehr der Vereinigten Staaten. Es hat sich über die Jahre zu einem ganzheitlichen und kundenzentrierten Managementkonzept entwickelt, dass zunehmend alle Umsatzströme eines Hotels berücksichtigt und die strategische Gewinnmaximierung in den Vordergrund stellt. In diesem Zusammenhang wird auch von *Revenue Optimization* oder *Strategic Profit Management* gesprochen.

Das wesentliche Ziel des Revenue Managements ist es, das richtige Produkt, zum richtigen Zeitpunkt, zum richtigen Preis, an den richtigen Kunden, über den richtigen Buchungskanal zu verkaufen, um den Umsatz eines Hotels zu optimieren bzw. den Gewinn zu maximieren.

Nach wie vor fällt es der Branche schwer, die Kenntnisse und Prinzipien des Revenue Managements auf den MICE-Bereich anzuwenden. Function Space Revenue Management ist komplex. Anders als beim Verkauf eines Hotelzimmers sind hier unterschiedliche Abteilungen, Systeme und Umsatzquellen am Wertschöpfungsprozess der Veranstaltungen im Hotel beteiligt.

2 Voraussetzungen für Revenue Management im MICE

Für die Entwicklung eines Revenue-Managements-Konzepts im MICE sollte ein Hotel mehrere Schritte berücksichtigen (Kimes/McGuire, 2001, S. 36):

Es muss das Potenzial und die Leistungsfähigkeit der eigenen Veranstaltungskapazitäten als Ausgangslage bestimmen. In der weiteren Folge ist ein fundiertes Verständnis des internen und externen Hotelumfelds (wie räumliche Einschränkungen, Verfügbarkeit und Ausbildung von Arbeitskräften etc.) unerlässlich, um die Leistungstreiber zu identifizieren und Umsatzstrategien zu entwickeln. Für die Entwicklung einer Revenue-Management-Strategie für die Veranstaltungsflächen muss das Hotel einzelne Stufen der Nachfrage (High-Medium-Low) identifizieren, um eine nachfrageorientierte Preisgestaltung anzuwenden.

Die Einführung und Integration von weiteren Kennzahlen ermöglicht es dem Hotel, die Performance zu überwachen und mit der Ausgangslage zu vergleichen.

Die Anforderungen an das Function Space Revenue Management sind also

» zuverlässige Belegungsprognosen der Veranstaltungsflächen,
» dynamische Preisgestaltung basierend auf Nachfrage, Saisonalität, Profitzielen,
» Verwaltung von Free-Sale und Restriktionen für die Veranstaltungsräume in allen Vertriebskanälen,
» Profitoptimierung des gesamten MICE-Geschäfts inklusive aller Umsätze (Zimmer, Speisen & Getränke, Raummiete, Technik etc.).

Wie im vorherigen Kapitel erwähnt, ist es dabei wichtig, dass ein Unternehmen einen ganzheitlichen Blick auf die Ausrichtung der Geschäftsprozesse und funktionsübergreifenden Teams sowie die technologischen Anforderungen wirft.

2.1 Der Wert der Veranstaltungskapazitäten

Jeder Hotelier beantwortet die Frage nach der Anzahl der Hotelzimmer und der Zimmerauslastung des Hotels in der vergangenen Nacht ohne Zögern. Wird der gleiche Hotelier nach der optimalen Gesamtteilnehmerkapazität der Veranstaltungsräume pro Tag gefragt, dann muss er in vielen Fällen zunächst anhand der Bankettmappe die Teilnehmerkapazitäten pro Veranstaltungsraum und pro Tag manuell summieren. Diese Information ist in vielen Hotels nicht aktiv präsent und deren Bedeutung häufig nicht bewusst. Die entscheidende Frage ist dabei: Welchen Wert haben die Veranstaltungskapazitäten pro Tag in einem Hotel?

Die → Tab. 1 zeigt die Veranstaltungsräume und Kapazitäten eines 220-Zimmer-Hotels. In diesem Beispiel beträgt die Gesamtkapazität aller Veranstaltungsräume in parlamentarischer Bestuhlung 888 Teilnehmer pro Tag. Multipliziert man nun diese Teilnehmerzahl mit dem Wert des durchschnittlichen Umsatzes pro Teilnehmer in Höhe von 50,00 EUR, dann ist das Umsatzpotenzial der Veranstaltungskapazitäten 44.400,00 EUR pro Tag. Im Vergleich: Das Umsatzpotenzial im Beherbergungsbereich dieses 220-Zimmer-Hotels mit einer durchschnittlichen Rate von 130,00 EUR beträgt 28.600,00 EUR pro Tag.

Wie erreichen Veranstaltungsstätten diese Umsatzpotenziale nun mit den vorhandenen Veranstaltungskapazitäten? Die Anwendung der Revenue-Management-Disziplin auf die Veranstaltungsflächen und deren Einnahmequellen mit den unterschiedlichen Deckungsbeiträgen bedingt eine Fokussierung auf die Rentabilität der Veranstaltungsstätte.

Die Veranstaltungsflächen werden bei der Entwicklung und Planung von Hotels anteilig im Rahmen der Bruttogesamtfläche pro Zimmer erfasst und sind somit in den Gesamtinvestitionskosten pro Zimmer enthalten.

Tab. 1: Veranstaltungsräume und Kapazitäten nach Teilnehmern
Quelle: eigene Darstellung

Veranstaltungsräume und Kapazitäten eines Hotels							
Name des VA-Raums	m²	Bankett	Empfang	Stuhlreihen	Parlamentarisch	U-Form	Block
Gr. Ballroom	415	300	400	480	270	-	-
Berlin	98	60	111	80	63	38	44
Munich	58	40	65	72	45	20	28
Cologne	55	40	65	72	45	20	28
Hamburg	55	40	65	72	45	20	28
Dresden	58	40	65	72	45	20	28
Mountain V.	254	210	275	294	150	-	-
Vienna	58	40	65	72	45	20	28
Salzburg	65	40	70	72	45	20	28
Graz	60	40	70	72	45	20	28
Innsbruck	60	40	70	72	45	20	28
St. Pölten	63	40	70	72	45	20	28
Gesamt	**1.299**	**930**	**1.391**	**1.502**	**888**	**218**	**296**

Allerdings sollten die Veranstaltungskapazitäten mehr als nur ein Nebeneffekt in der Umsatzstrategie zum Verkauf von Hotelzimmern eines Hotels sein.

Die Transparenz und Vergleichbarkeit bei den Zimmerpreisen/-konditionen führt dazu, dass Veranstaltungsplaner zunehmend weniger bereit sind, Garantien von Zimmerkontingenten und damit verbundene Risiken zu übernehmen. Es führt insbesondere bei kleinen Veranstaltungsformaten zu einer Trennung von „Bett“ und „Stuhl“ in der Veranstaltungsplanung. Hotels sind gut beraten, die Veranstaltungsflächen zunehmend als eigenständiges Profitcenter zu betrachten.

Welchen Wert haben die Veranstaltungsflächen hinsichtlich der anteiligen Investitions- oder Pachtkosten? → Tab. 2 zeigt eine vereinfachte Berechnung der anteiligen Pacht für die Bruttoveranstaltungsflächen pro Tag und m². Demnach betragen die Pachtkosten 0,91 EUR pro Quadratmeter/Tag bzw. 27,30 EUR pro Quadratmeter/Monat. Die Bruttoveranstaltungsfläche basiert auf dem Anteil der Bruttogesamtfläche eines Hotels.

Tab. 2: Anteilige Pacht Bruttoveranstaltungsfläche
Quelle: eigene Darstellung

Anteilige Pacht Bruttoveranstaltungsfläche		
Hotelgröße (Zimmer)	220	
Bruttogesamtfläche/Zimmer in m²	65	
davon Anteil Bruttoveranstaltungsflächen p. Zimmer m²	5,905	9,1 %
Bruttoveranstaltungsfläche gesamt in m²	1.299	
Gesamtpacht pro Zimmer (Monat)	1.800,00 €	
Gesamtpacht (Monat)	396.000,00 €	
Gesamtpacht (Jahr)	4.752.000,00 €	
Anteilige Pacht Bruttoveranstaltungsfläche pro Zimmer	163,52 €	
Anteilige Pacht Bruttoveranstaltungsfläche pro Monat	35.975,40 €	
Anteilige Pacht Bruttoveranstaltungsfläche pro Jahr	431.692,80 €	
Anteilige Pacht Bruttoveranstaltungsfläche pro Tag	1.182,74 €	
Pacht Bruttoveranstaltungsfläche pro Tag/m²	**0,91 €**	

Zieht man für eine einfache Berechnung einen Pachtsatz für ein Vollhotel von 18 % des Nettoumsatzes heran, bedeutet es, dass der Nettoumsatz rund 2,4 Mio. EUR pro Jahr bzw. 5,06 EUR pro Tag/m² für die Raummiete ausmachen sollte, um die anteiligen Pachtkosten für die Veranstaltungsflächen zu decken (→ Tab. 2).

Tab. 3: Nettoumsatz Veranstaltungsfläche pro m²
Quelle: eigene Darstellung

Nettoumsatz Veranstaltungsflächen pro Quadratmeter		
Nettoumsatz basierend auf Pachtzins pro Jahr	2.398.338,46 €	18,00 %
Nettoumsatz basierend auf Pachtzins pro Monat	199.861,54 €	
Nettoumsatz basierend auf Pachtzins pro Tag	6.570,79 €	
Nettoumsatz basierend auf Pachtzins pro Tag/m²	**5,06 €**	

Die Maximierung des Ertrages pro verfügbarer Veranstaltungskapazität, pro Quadratmeter, pro Teilnehmer sowie die optimale Auslastung der Veranstaltungsräume stellt eine komplexere Herausforderung für die Veranstaltungsstätte dar. Die Kenntnis des Potenzials bezogen auf den Wert der Veranstaltungsfläche ist für eine erfolgreiche Steuerung der Veranstaltungsfläche als elementar anzusehen.

2.2 Datenstrukturen

Im Revenue Management dreht sich alles um die Optimierung des Ertrags eines Unternehmens. Eindeutige Datenstrukturen erhöhen die Datenqualität und vermeiden Redundanzen bei der Datensammlung. Eine klare Datenstruktur ist das Fundament für ein aussagefähiges Revenue Management. Die Daten müssen so strukturiert und dokumentiert werden, dass sie die einzigartigen Charakteristika des MICE-Geschäfts reflektieren. Die richtige Verwendung der einzelnen Datentypen ermöglicht es der Veranstaltungsstätte, die Nachfrage besser zu verstehen und genauer zu prognostizieren.

Wesentliche Schlüsselfaktoren, die eine Analyse des MICE-Bereiches ermöglichen, sind die Veranstaltungskapazitäten, die Teilnehmer und die Zeit.

2.2.1 Kapazität

Kennzahlen über die Ausnutzung der vorhandenen Veranstaltungsflächen helfen dem Unternehmen, die Ertragsstrategie zu verbessern. Zur Berechnung dieser Kennzahlen ist eine klare Festlegung und eine eindeutige Abgrenzung der Veranstaltungskapazitäten erforderlich. Die Definition der Veranstaltungskapazitäten ist vielschichtig und sollte gut überlegt sein, denn Veranstaltungsräume weisen nicht die gleiche Einheitlichkeit wie Hotelzimmer auf.

In vielen Veranstaltungsstätten ist die Größe der Veranstaltungsräume flexibel und einzelne größere Veranstaltungsräume lassen sich je nach Bedarf in kleinere Einheiten unterteilen, so kann z.B. der große Ballsaal aus Veranstaltungsraum A, B und C bestehen. Diese Flexibilität ermöglicht der Veranstaltungsstätte viele Raumkombinationen, die eine Messung der Flächenausnutzung erschweren. Die Berücksichtigung der Werte des Veranstaltungsraums und der einzelnen Raumkombinationen können zu einer Verzerrung der Ergebnisse führen und eine höhere Belegung der Veranstaltungsräume als die tatsächliche zeigen. Ferner reduziert das Hinzufügen einer Trennwand die Gesamtnutzungsfläche in der Veranstaltungsstätte.

Eine Auslastung der Veranstaltungsräume zu 100 % sagt noch wenig über den Erfolg im MICE aus. Jeder Veranstaltungsraum kann je nach Veranstaltungstyp und Bestuhlungsvariante eine unterschiedliche Anzahl von Teilnehmern aufnehmen. Daher ist es notwendig, neben der Anzahl und Größe des Veranstaltungsraums auch die optimale Teilnehmerkapazität pro Veranstaltungsraum zu definieren. Mit der Konfiguration der optimalen Teilnehmerzahl (Potenzial) kann eine Veranstaltungsstätte beurteilen, wie effizient es die einzelnen Veranstaltungsräume nutzt.

Die optimale Teilnehmerzahl pro Veranstaltungsraum bei einem Meeting und einem Bankett oder einer Hochzeit ist unterschiedlich. Oftmals eignen sich einzelne Veranstaltungsräume nur für einen Veranstaltungstyp.

Zur Festlegung der optimalen Teilnehmerzahl sollten Veranstaltungsstätten ihre historischen Daten analysieren, um pro Veranstaltungsraum den gängigsten Veranstaltungstyp und dessen Bestuhlungsform zu ermitteln. Die Festlegung der Teilnehmerkapazität muss einer echten, realistischen Erwartung entsprechen, um die Veranstaltungsräume bis zu dieser Höchstgrenze auszunutzen. Die Angaben zu Teilnehmerkapazitäten auf der hoteleigenen Website oder Tagungsbroschüre eignen sich hierfür weniger, da diese in der Regel die maximale Kapazität darstellen und somit selten eine realistische Erwartung widerspiegeln.

Die Liste der Veranstaltungsräume im Sales&Catering-System des Hotels oder der Veranstaltungsstätte beinhaltet in der Regel auch öffentliche Bereiche wie Foyers, Restaurants etc., die in Verbindung mit einem Veranstaltungsraum (z.B. für Kaffeepausen oder Ausstellungen) genutzt werden. In diesem Fall werden die Umsätze dem entsprechenden Veranstaltungsraum zugeordnet und die Teilnehmer sind bereits erfasst.

Tabelle 4 zeigt als Beispiel eine Definition von Veranstaltungskapazitäten. Für die teilbaren Veranstaltungsräume sind die Werte (Raumgröße, optimale Teilnehmerkapazität und optimaler Umsatz) nur dem Hauptraum zugeordnet, um die Ergebnisse nicht zu verzerren.

Tab. 4: Beispiel Definition von Veranstaltungskapazitäten | Quelle: eigene Darstellung

Veranstaltungs-raum	teilbar?	Hauptraum	Größe in m²	Event-Typ	optimale TN-Kapa-zität	optimaler Umsatz
Grand Ballroom	ja	-	415	B	300	16.500,00 €
Ballroom I	nein	Grand Ballroom	0		0	
Ballroom II	nein	Grand Ballroom	0		0	
Ballroom III	nein	Grand Ballroom	0		0	
Ballroom I + II	nein	Grand Ballroom	0		0	
Ballroom II+III	nein	Grand Ballroom	0		0	
Berlin	nein	-	98	M	63	3.465,00 €
Munich	nein	-	58	M	45	2.475,00 €
Cologne	nein	-	55	M	45	2.475,00 €
Hamburg	nein	-	55	M	45	2.475,00 €
Dresden	nein	-	58	M	45	2.475,00 €
Mountain View	ja	-	254	H	210	11.550,00 €
Mountain View I	nein	Mountain View	0		0	
Mountain View II	nein	Mountain View	0		0	
Mountain View III	nein	Mountain View	´0		0	
Vienna	nein	-	58	M	21	1.155,00 €
Salzburg	nein	-	65	M	21	1.155,00 €
Graz	nein	-	60	M	21	1.155,00 €
Innsbruck	nein	-	60	M	21	1.155,00 €
St. Pölten	nein	-	63	M	21	1.155,00 €
Total			**1.299**		**858**	**47.190,00 €**
M = Meeting, B = Bankett, H = Hochzeit						

Im Beispiel der → Tab. 4 beträgt die produktive Veranstaltungsfläche 1.299 m². Die optimale Teilnehmerkapazität ergibt 858 Teilnehmer pro Tag. Der optimale Umsatz pro Raum oder Tag ergibt sich aus der Anzahl der optimalen Teilnehmerzahl multipliziert mit dem durchschnittlichen Wert für ein Tagungspaket (hier: 55,00 EUR pro Teilnehmer und Tag).

2.2.2 Zeit

Immer wieder passiert es, dass eine Veranstaltungsstätte eine umsatzgenerierende Veranstaltungsanfrage erhält und nach Prüfung des Veranstaltungskalenders feststellt, dass die passenden Veranstaltungskapazitäten durch eine vor einigen Wochen gebuchte Veranstaltung mit einem geringeren Umsatz oder für eine kurze Zeit am Veranstaltungstag bereits belegt ist.

Anders als bei Hotelzimmern, mit Ausnahme von der Belegung als Tageszimmer, können Veranstaltungskapazitäten mehrmals pro Tag belegt werden. In den Stammdaten des Sales&Catering-System wird bereits die Zeitspanne (i.d.R. 24h) definiert, in der der jeweilige Veranstaltungsraum als 100 % ausgelastet angesehen wird. Diese Information wird benötigt, um die *Function Space Utilization* (Auslastung der Veranstaltungsfläche) zu berechnen. Für jede mögliche Bestuhlungsform wird außerdem die Rüstzeit, d.h. die Zeit für das Set-up (Bereitstellung) des Veranstaltungsraums hinterlegt. Die definierte Zeitspanne (z.B. 24h) abzüglich der Rüstzeit stellt das potenzielle Zeitfenster für die Umsatzgenerierung pro Veranstaltungsraum und Tag dar.

Revenue-Management-Systeme (wie z.B. IDeaS G3) unterteilen den Tag zusätzlich in *Day Parts* (Tagesabschnitte), um Lücken in der Nachfrage und die Möglichkeiten des Verkaufs eines Veranstaltungsraumes während eines Tages aufzuzeigen sowie die Auslastung zu messen. Day Parts sind verkaufbare Zeitblöcke im Laufe eines Tages, in denen ein komplettes Event stattfinden könnte, einschließlich der Auf- und Abbauzeit. Die Einteilung eines 24h-Tages kann in unterschiedliche Zeitblöcke erfolgen: z.B. Morgen (6.00 bis 10.59 Uhr), Mittag (11.00 bis 13.59 Uhr), Nachmittag (14.00 bis 17.59 Uhr) und Abend (18.00 bis 23.59 Uhr).

2.2.3 Teilnehmer

Eine klare und eindeutige Marktsegmentierung, d.h. eine Unterteilung des Gesamtmarktes in möglichst homogene Segmente bzw. Zielgruppen, die wiederum ein ähnliches Kauf- und Buchungsverhalten ausweisen, ist sowohl für den Bereich Sales & Marketing als auch für das Revenue Management von großer Bedeutung. Eindeutige Marktsegmente ermöglichen es dem Hotel, die Nachfrage besser zu verstehen und zu prognostizieren.

In der Datenstruktur des Hotels sind die Marktsegmente in der Regel im Property-Management-System (PMS) für die Beherbergung hinterlegt und werden automatisch in das Sales&Catering-System übernommen. Die Marktsegmentierung sollte im Hinblick auf den Veranstaltungsbereich überprüft und ergänzt werden.

2.2.4 Event Type

Während die Marktsegmentierung in der Systemstruktur der meisten Property-Management- und S&C-Systeme den Logisbereich abbilden und dokumentieren, ist es wichtig, die Zielgruppen für die Veranstaltungskapazitäten ergänzend zu segmentieren.

Viele Veranstaltungsstätten nutzen sogenannte *Event Types* (Veranstaltungsarten) für eine weitere Unterteilung des Veranstaltungsgeschäfts.

Es existiert eine Vielzahl an Definitionen von Veranstaltungsarten und -formaten, die sich je nach Zielsetzung, Teilnehmerzahl, Partizipationsgrad und Grad der Technologie unterscheiden. Jede Veranstaltungsart und jedes Veranstaltungsformat hat abhängig von der Größe und Komplexität unterschiedliche Anforderungen und erfüllt somit einen spezifischen Zweck und ein eigenes Ziel.

In der Umgangssprache werden Begriffe wie „Meeting“ und „Events“ häufig allgemein verwendet und sind wegen einer fehlenden Trennschärfe und ohne eine eindeutige Definition für Trendanalysen im Revenue Management oftmals unbrauchbar.

Tab. 5: Beispiel von Event Types im Hotel | Quelle: eigene Darstellung

Event Type	**Erläuterung für die Anwendung/Nutzung**
Abendessen	Hauptanlass ist das Abendessen.
Ausstellung	Präsentation von Produkten und Wirtschaftsgütern ist der Hauptanlass.
Bankett	Gala-Abend, Firmenjubiläum
Barcamp	offene Veranstaltung mit offenen Workshops – mehrere Räume erforderlich
(Steh-)Empfang	Hauptanlass ist der Empfang.
Frühstück	Hauptanlass ist das Frühstück.
Hochzeit	Hauptanlass ist die Hochzeitsfeier.
Konferenz	Tagung mehr als 1 Tag
Kongress	mehr als 250 Teilnehmer; Plenum und Gruppenräume; über mehrere Tage
Entertainment	Konzerte/Theateraufführungen
(Halbtages-)Meeting	Besprechungen und Tagungen, die vormittags oder nachmittags stattfinden
(Tages-)Meeting	Besprechungen und Tagungen, die 1 Tag dauern
Mittagessen	Hauptanlass ist das Mittagessen
Pressekonferenz	i.d.R. 1 bis 2 Stunden
Privatfeier	Geburtstagsfeier, Konfirmation, Einschulung etc.
Seminar/Workshop/Training	10 bis 25 Personen
interne Meetings	hoteleigene Meetings, die die Veranstaltungskapazitäten des Hotels nutzen und keinen Umsatz generieren

Bei der Definition von Event Types sind folgende Kriterien zu berücksichtigen:

» **Klarheit und eindeutige Abgrenzung** der Event Types, um Redundanzen zu vermeiden und eine eindeutige Zuordnung der Anfragen im operativen Management zu gewährleisten.
» **Umsatzgenerierung:** Der Event Type geniert Umsatz.
» **Nachfrage:** Der Event Type repräsentiert eine messbare Nachfrage.
» **Anforderung an die Veranstaltungskapazität/-räume**: Teilnehmergröße oder Bestuhlungsform
» **Zeitrahmen und Dauer**

→ Tab. 5 zeigt ein vereinfachtes Beispiel von Event Types. Je nach Art und Größe der Veranstaltungskapazitäten sind weitere Event Types erforderlich. Hierbei sollte eine Veranstaltungsstätte auf neue Veranstaltungsformate achten, die umsatzwirksam sind und eine Nachfrage präsentieren.

2.2.5 Buchungsstatus

Über die Jahre haben sich die in Tabelle 6 aufgeführten Buchungsstatus in der Hotellerie durchgesetzt, die sich je nach System leicht unterscheiden können. Teilweise existieren weitere Codes (z.B. WAIT = Waitlist oder OPEN = Open for Pickup). Die Reihenfolge der Buchungsstatus visualisiert den jeweiligen Stand im zeitlichen Ablauf des Buchungsprozesses der Veranstaltungsanfrage. Der jeweilige Statustyp bestimmt, ob die reservierten Kapazitäten vom Hotelinventar (Zimmer und/oder Veranstaltungsräume) abgezogen werden.

Die Reihenfolge der Buchungsstatus sollte anhand des Geschäftsprozesses und des Ablaufs einer Veranstaltungsanfrage in der Veranstaltungsstätte definiert werden. Für die Bestimmung der künftigen Nachfrage im Function Space Revenue Management ist es entscheidend, dass **alle Veranstaltungsanfragen** im Sales&Catering-System erfasst werden.

Tab. 6: Beispiel Buchungsstatus | Quelle: eigene Darstellung

Code	Name	Beschreibung
INQ	Inquiry	1. Status. Eingang der Anfrage ohne Abzug vom Inventar.
PEN	Pending	Anfrage mit Abzug vom Inventar. Angebot ist an Kunden versandt.
TEN	Tentative	Anfrage mit Abzug vom Inventar. Vertrag ist an Kunden versandt.
OPT	Option	2. Option ohne Abzug vom Inventar. Angebot an weiteren Kunden, Kapazitäten in 2. Option vergeben.
DEF	Definite	Definitive Buchung. Abzug vom Inventar. Kunde hat den Vertrag unterzeichnet.
LOS	Lost	Verlorene Buchung. Geblockte Kapazitäten fallen ins Inventar zurück. Veranstaltungsangebot wurde vom Kunden nicht akzeptiert.
UNC	Unable to Confirm	Hotel hat die Anfrage abgelehnt (z.B. Kapazitätsengpass, strategische Entscheidung, o.ä.).
CAN	Cancelled	Definitive Buchung wird nach Vertragsunterzeichnung storniert. Gebuchte Kapazitäten fallen ins Inventar zurück.
ACT	Actual	Veranstaltung ist beendet.

Oftmals verzichten Hotels oder Veranstaltungsstätten auf die Eingabe der abgelehnten Veranstaltungsanfragen (Buchungsstatus UNC), da der operative Aufwand seitens der Unternehmen höher bewertet wird als der Nutzen durch deren Erfassung. Gründe für die Ablehnung von Veranstaltungsanfragen sind in erster Linie Kapazitätsengpässe (Zimmer oder Veranstaltungskapazitäten), aber auch strategische Entscheidungen, d.h. die Veranstaltungsstätte rechnet mit wertigeren Veranstaltungsanfragen zu einem späteren Zeitpunkt.

Für das Revenue Management ist die Erfassung der abgelehnten Veranstaltungsanfragen inklusive des voraussichtlichen Umsatzvolumens elementar. Ebenso ist die Eingabe von Buchungen in 2. oder 3. Option wichtig, die für ein bestimmtes Datum auf der Warteliste stehen. Sie stellen potenzielle Buchungen dar. Mit der Erfassung aller Buchungsanfragen hat die Veranstaltungsstätte die Möglichkeit, den vollen Umfang der Nachfrage zu quantifizieren.

Durch die konsequente Nutzung des Buchungsstatus ACT (Actual) werden Differenzen von Veranstaltungsteilnehmern und Umsätzen zwischen dem letzten Buchungsstand *vor* Veranstaltung und den tatsächlichen Zahlen der Veranstaltungsbuchung erfasst. Auch eine Trennung des Angebots und Vertrags sowie die Nutzung von zwei unterschiedlichen Buchungsstatus (Pending und Tentative) helfen dem Revenue Management bei der Bewertung dieser Buchungen für die künftige Nachfrage und der Wahrscheinlichkeit der Materialisierung. Zur Reduzierung der operativen Abläufe im Veranstaltungsmanagement hat sich allerdings vermehrt der Versand eines Dokuments „Angebot/Vertrag“ an den Kunden und die Nutzung eines Buchungsstatus (Tentative) durchgesetzt.

Wichtig ist, dass zu Beginn alle Buchungsstatus eindeutig und klar, analog zum Geschäftsablauf der Veranstaltungsanfrage, definiert und nicht mehr geändert werden. Für die Analyse und die Prognose der Nachfrage ist die zeitnahe Dokumentation des zeitlichen Ablaufs der Veranstaltungsanfrage anhand des jeweiligen Buchungsstatus erforderlich.

2.2.6 Weitere Datenstrukturen

Veranstaltungsanfragen erreichen eine Veranstaltungsstätte über unterschiedliche Kanäle mit unterschiedlichen Distributionskosten. Zur Erfassung der Quelle/Herkunft einer Anfrage definiert sie *Lead Sources.* In der Regel sind Codes bereits im PMS eines Hotels definiert. Diese Lead Sources, oder auch Source Codes genannt, sollten im Hinblick auf den Veranstaltungsbereich ebenfalls überprüft und ggf. ergänzt werden.

Im Function Space Revenue Management spielen folgende Lead Sources (Quellen der Anfrage) eine wichtige Rolle:

» Direkt (telefonisch, E-Mail)
» Direkt online (eigene Website)
» Third Party offline (z. B. Eventagentur)

» Anfrageportale (RFP)
» Onlineportale (Instant Booking)

Zusammenfassung

Eindeutige Datenstrukturen erhöhen die Datenqualität und vermeiden Redundanzen bei der Datensammlung. Eine klare Datenstruktur ist das Fundament für ein aussagefähiges Revenue Management. Die Daten müssen so strukturiert und dokumentiert werden, dass sie die einzigartigen Charakteristika des MICE-Geschäfts reflektieren. Die richtige Verwendung der einzelnen Datentypen ermöglicht der Veranstaltungsstätte, die Nachfrage besser zu verstehen und genauer zu prognostizieren.

Wesentliche Schlüsselfaktoren, die Trendanalysen des MICE-Bereiches ermöglichen, sind die Veranstaltungskapazitäten, die Teilnehmer und die Zeit.

Viele Hotels und Veranstaltungsstätten nutzen sogenannte Event Types (Veranstaltungsarten) für eine weitere Unterteilung des Veranstaltungsgeschäfts.

Ebenso ist eine eindeutige Definition der Buchungsstatus elementar. Die Reihenfolge der Buchungsstatus visualisiert den jeweiligen Stand im zeitlichen Ablauf des Buchungsprozesses der Veranstaltungsanfrage.

Für die Bestimmung der künftigen Nachfrage im Function Space Revenue Management ist es entscheidend, dass alle Veranstaltungsanfragen mit dem korrekten Buchungsstatus im Sales&Catering-System erfasst werden.

3 Der MICE-Markt

In Ergänzung zu den theoretischen Betrachtungen der Voraussetzungen, die gegeben sein müssen, um eine Revenue-Management-Konzeption im MICE erfolgreich anwenden zu können, findet sich nachstehend eine detaillierte Betrachtung des relevanten Marktes. Basierend auf einer allgemeinen Analyse des deutschen MICE-Marktes wird eine von den Autorinnen durchgeführte tiefergehende Marktstudie vorgestellt.

3.1 Übersicht Markt- und Wettbewerbsanalyse

Der MICE-Markt unterliegt seit Jahren einer großen Dynamik. Einerseits ist hier eine überaus große Bandbreite an Trends zu verzeichnen. Kunden fragen immer ausgefallenere Veranstaltungskonzepte an, so dass in Teilen ein tatsächlicher Wettbewerb des Übertrumpfens an Veranstaltungsformaten mit außergewöhnlichen Effekten erkennbar ist. Andererseits reagiert die MICE-Branche generell sehr sensibel auf die grundlegende wirtschaftliche Stimmung und ist somit durchaus als besonders krisenanfällig zu bezeichnen. Erfolgreiche Branchenjahre mit zufriedenen Kunden geben keinerlei Garantie auf Kontinuität, wenn der gesamtwirtschaftliche Rahmen nicht stabil bleibt. So lohnt es sich, zuerst einen detaillierten Blick auf die Basiskennzahlen der Branche zu werfen und dann konkrete Trends sowie Maßnahmen zur Krisenbewältigung zu beleuchten.

Das Europäische Institut für TagungsWirtschaft GmbH (EITW) veröffentlicht auf jährlicher Basis das Meeting- und EventBarometer. Damit wird ein kontinuierlicher zahlenmäßig aufbereiteter Branchenüberblick zur MICE-Branche in Deutschland gegeben. Sowohl die Anbieter- als auch die Nachfrageseite wird hier beleuchtet. Im Folgenden werden einige Abkürzungen verwendet, auf die hier hingewiesen sei: TH = Tagungshotels, VC = Veranstaltungscentren und EL = Eventlocations. Während Tagungshotels ein in diesem Zusammenhang selbsterklärender Begriff ist, sei darauf verwiesen, dass es sich bei Eventlocations um besondere Veranstaltungsstätten handelt, die ursprünglich für einen anderen Zweck als den zur Veranstaltungsdurchführung gebaut wurden (z.B. Burgen/Schlösser, Museen, Fabrikhallen/Lokschuppen, Studios, Freizeitparks, Bildungseinrichtungen/Hochschulen, Flughäfen etc.), und mit Veranstaltungscentren insbesondere Kongresszentren, Sport- und Mehrzweckhallen, Arenen oder Bürgerhäuser gemeint sind, die für die Durchführung von Veranstaltungen konzipiert wurden und keine Übernachtungsmöglichkeiten anbieten.

Rund 2/3 aller im Meeting- & EventBarometer erfassten Veranstaltungen sind beruflich motiviert. (EITW 2020) Im Rahmen der Betrachtung des Function Space Revenue Managements aus Sicht der Veranstaltungsstätten spielt die Motivation (beruflich oder privat) der Veranstaltung im ersten Hinblick in diesem Fachbuch nicht die entscheidende Rolle. Es geht grundlegend um die tatsächliche Auslastung und den erzielten Umsatz je Zeiteinheit eines Veranstaltungsraums. Kapitel 4.5.2 geht näher auf die Grundlagen der Preisgestaltung sowie die Betrachtung der relevanten Kennzahlen bei der Angebotserstellung ein.

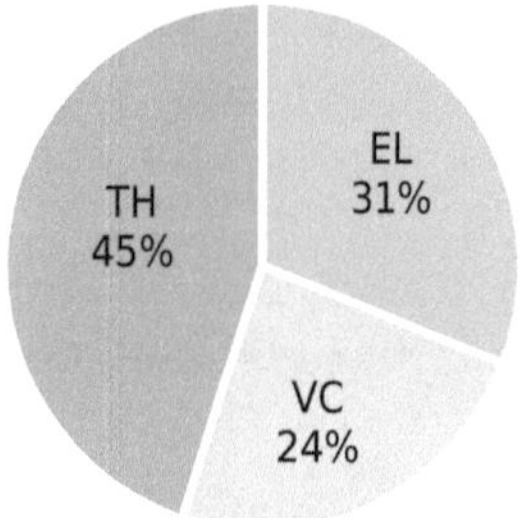

Abb. 4: Aufteilung der Veranstaltungsstätten nach Arten
Quelle: eigene Darstellung, in Anlehnung an EITW 2020

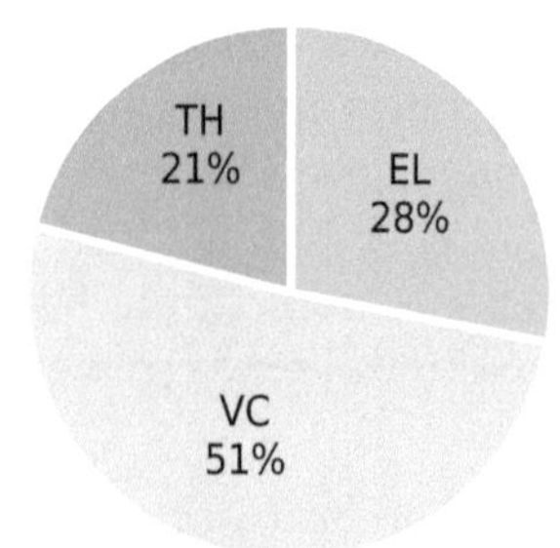

Abb. 5: Teilnehmer nach Art der Veranstaltungsstätte
Quelle: eigene Darstellung, in Anlehnung an EITW 2020

Während im Ranking der Gesamtanzahl der Veranstaltungsstätten die Tagungshotels klar führen (→ Abb. 4), ist doch zu bemerken, dass bereits über einen Zeitraum von mehreren Jahren hinweg die Anzahl der Eventlocations überproportional zunimmt. Dies kann v.a. dem Trend der vergangenen Jahre hin zu Veranstaltungen an immer außergewöhnlicheren Orten zugeschrieben werden, bei dem allein der Veranstaltungsort schon für einen gestalterischen Mehrwert der geplanten Veranstaltung sorgt. Dennoch bleibt klar festzuhalten, dass die Tagungshotellerie eine entscheidende Rolle im deutschen Veranstaltungsmarkt innehat.

Eine interessante differenzierte Darstellung ergibt sich, wenn man in → Abb. 5 einen Blick auf die Verteilung der Teilnehmer an den MICE-Veranstaltungen wirft. Während der Anteil der Teilnehmer in Eventlocations einen ungefähr vergleichbaren Prozentsatz gegenüber der Aufteilung der Anzahl der Veranstaltungsstätten aufweist, steigt hier der Anteil in der Kategorie der Veranstaltungscentren deutlich und zulasten der Tagungshotels an. Daraus lässt sich schließen, dass die in den Veranstaltungscentren durchgeführten Veranstaltungen deutlich größere Veranstaltungen mit dementsprechend höherer Teilnehmerzahl sind.

Aus der folgenden → Abb. 6 lässt sich Folgendes ablesen: Zum einen bestätigt sich die bereits zuvor angesprochene Krisenanfälligkeit. Insbesondere die weltweite Finanzkrise lässt sich am Rückgang der gebuchten Veranstaltungen für das Jahr 2009 und in schwächerem Umfang auch für die Folgejahre 2010 und 2011 direkt ablesen. Zum anderen lässt sich seit 2016 ein Trend beobachten: Es werden zwar kontinuierlich weniger Veranstaltungen durchgeführt, allerdings nimmt im gleichen Zeitraum die Anzahl der Teilnehmer stetig zu. Dies impliziert, dass in den vergangenen Jahren vermehrt Veranstaltungen mit einer wachsenden durchschnittlichen Teilnehmerzahl gebucht wurden. Aus der Abbildung lässt sich eine durchschnittliche Teilnehmerzahl von ca. 146 für das Jahr 2019 ablesen. Allerdings wird sich im weiteren Verlauf in → Abb. 8 zeigen, dass diese wachsende durchschnittliche Teilnehmerzahl insbesondere darauf zurückzuführen ist, dass die bereits großen Veranstaltungen tendenziell noch größer werden. Denn auf der anderen Seite nimmt insbesondere in der Kategorie der Seminare, Tagungen und Kongresse der Anteil der kleinsten Veranstaltungen (bis 50 Teilnehmer) nicht nur den deutlichen Spitzenplatz in der prozentualen Verteilung ein, sondern steigt außerdem kontinuierlich in der Bedeutung an. Diese Erkenntnis sollte bereits bei Planung und Bau neuer Veranstaltungsstätten strategisch genutzt werden.

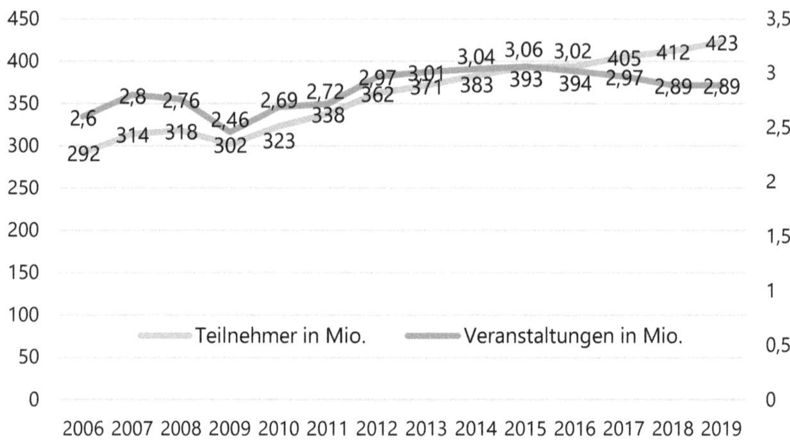

Abb. 1: Entwicklung der Teilnehmer und Veranstaltungen 2006 bis 2019
Quelle: eigene Darstellung, in Anlehnung an EITW 2020

Aufbauend auf der Betrachtung des Veranstaltungsmarktes als Ganzes lohnt ein detaillierterer Blick auf die Arten der durchgeführten Veranstaltungen in Tagungshotels, Eventlocations und Veranstaltungscentern. Die grafische Darstellung in nachfolgender → Abb. 7 zeigt klar auf, dass Kongresse, Tagungen und Seminare in der Anzahl der über alle Veranstaltungsstätten durchgeführten Veranstaltungen überwiegen. Über die Teilnehmerzahlen sagt die Abbildung jedoch nichts aus. Es wird aus der grafischen Darstellung offensichtlich, das TH zwar als generell unerlässlich wichtiger Veranstaltungsort einzuschätzen sind, dies allerdings umso mehr im Bereich der Seminare, Tagungen und Kongresse. Das Augenmerk sowohl in der Vermarktung als auch in der operativen Durchführung sollte für TH also ganz klar hierauf gelegt werden. Weiterhin lässt sich aus der Abbildung ablesen, dass Kultur- und Sportveranstaltungen zahlenmäßig an zweiter Stelle stehen, wobei der deutlich überwiegende Anteil dieser Veranstaltungen in VC durchgeführt werden. Für VC empfiehlt es sich also, einen klaren Schwerpunkt auf diese Veranstaltungsart zu legen. EL können – insbesondere aufgrund ihrer häufig außergewöhnlichen Örtlichkeiten – überwiegend im Bereich von Festivitäten und Social Events punkten.

	VC	TH	EL	Marktanteil gesamt
Festivitäten	30,10%	33,30%	36,70%	8,80%
Lokale Veranstaltungen	32,40%	43,40%	24,30%	4,90%
Social Events	20,10%	44,60%	35,30%	6,10%
Kultur- und Sportveranstaltungen	65,40%	10,90%	23,70%	11,70%
Ausstellungen, Präsentationen	30,20%	42,40%	27,40%	4,60%
Seminare, Tagungen, Kongresse	29,30%	55,10%	15,60%	57,70%

Abb. 7: Veranstaltungsarten in den Veranstaltungsstätten-Arten im Jahr 2019
Quelle: eigene Darstellung in Anlehnung an EITW 2020

Die Bedeutung der Seminare, Tagungen und Kongresse für die Tagungshotels lässt sich u.a. auch mit der folgenden → Abb. 8 begründen: Die Mehrheit (knapp 2/3) der im Jahr 2019 geplanten und durchgeführten Veranstaltungen bewegte sich im Bereich bis max. 100 Teilnehmer. Diese Veranstaltungsgröße kommt in aller Regel den im Veranstaltungsbereich von Tagungshotels angebotenen Räumlichkeiten sehr entgegen. Ein weiterer Punkt, der in diesem Zusammenhang für die Tagungshotels als bevorzugte Veranstaltungsstätte für diesen Bereich spricht, ist, dass dem Kunden zumeist im verbundenen Angebot eine korrespondierende Anzahl an Hotelzimmern direkt mitangeboten werden kann. So kann das Tagungshotel dem Kunden ein umfassendes und für ihn mit wenig Aufwand verbundenes Angebot machen und die Möglichkeit der Auslastung sowohl der Zimmer- als auch der Veranstaltungskontingente zu haben. Auch dieser Aspekt der gleichsam im Paket mitverkauften Hotelzimmer sollte bei der dynamischen Preisgestaltung im Function Space Revenue Management eine bedeutende Rolle einnehmen. In diesem Zusammenhang spricht man dann vom Total Revenue Management eines Betriebs. Im Sinne eines TRM-Ansatzes spielt die Evaluierung des Gesamtumsatzes bzw. der Gesamtrentabilität eine entscheidende Rolle.

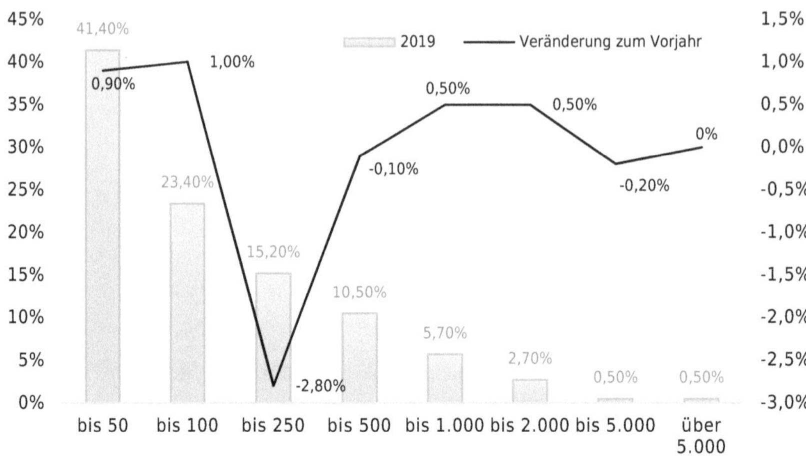

Abb. 8: Größenklassen Seminare, Tagungen, Kongresse im Jahr 2019
Quelle: eigene Darstellung in Anlehnung an EITW 2020

Nach einer Betrachtung mit Schwerpunkt auf Veranstaltungsarten und -stätten folgt nun ein umfassender Blick auf die Gesamtheit der relevanten Marktteilnehmer sowie auf die Entwicklung von Trends aus weiteren Perspektiven. In → Abb. 9 wird ersichtlich, dass es neben den klassischen bereits eingeführten Veranstaltungsstätten insbesondere noch Kreuzfahrtveranstalter zu beachten gilt. In den vergangenen Jahren haben internationale Reedereien mehr und mehr den MICE-Markt für sich entdeckt. Beispielsweise wirbt TUI Cruises mit sicheren Incentive-Reisen und Business Events an Bord der Mein-Schiff-Flotte. Dabei sind neben Vollcharter auch Incentive-/Business-Reisen mit Tagungen beliebiger Personenzahl und Tagesveranstaltungen während des Hafenaufenthalts des jeweiligen Schiffes buchbar. Als besondere Verkaufsargumente stellt TUI Cruises dabei heraus: volle Postenkontrolle durch All-inclusive-Konzeptionen, Organisation und Durchführung von Anreise, Aufenthalt an Bord sowie eventuellen weiteren Programmpunkten aus einer Hand und ein nachhaltiges Erlebnis, das den Teilnehmern durch die zwanglose Atmosphäre der MICE-Veranstaltung langfristig im Gedächtnis bleibt. (TUI Cruises, o. J.) Neben weiteren (neuen) Marktteilnehmern ist hier also in den vergangenen Jahren ein neues Wettbewerbsfeld im

MICE entstanden, dessen spezifische Angebote in die produktpolitische Wettbewerbsanalyse und marktgerechte Preisgestaltung traditionellerer Veranstaltungsstätten implementiert werden sollte.

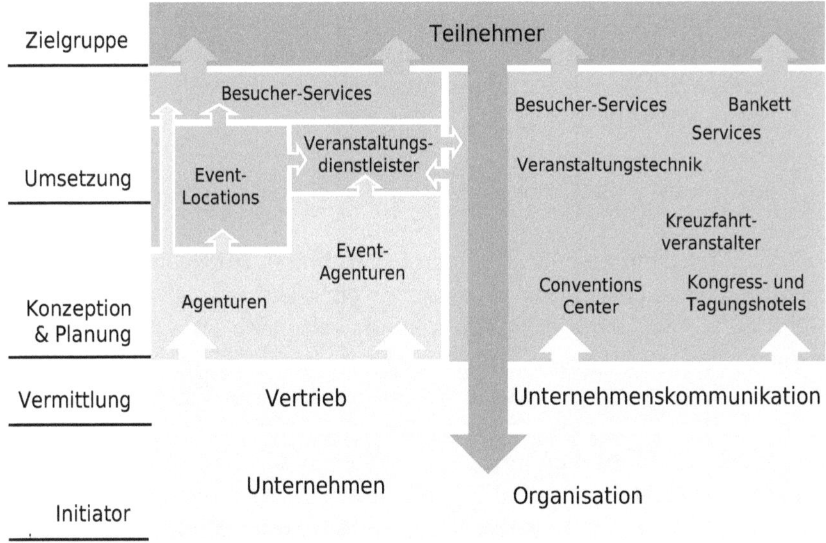

Abb. 9: Wertschöpfungskette im Teilmarkt MICE
Quelle: eigene Darstellung in Anlehnung an Sakschewski/Siegfried (2017, S. 36)

Die Darstellung der Wertschöpfungskette in → Abb. 9 zeigt, dass Veranstaltungsstätten weder bei der Angebotserstellung noch bei der Kundenbetreuung isoliert zu betrachten sind. Für die Angebotserstellung ist sicher die Veranstaltungstechnik als ein hauptsächlicher Ansprechpartner zu nennen – zumal der Kunde in aller Regel ein gemeinsames Angebot inkl. angemieteter Zusatztechnik wünscht. Aber auch die Dienstleister weiterer fakultativer Angebotsbestandteile wie Floristen, Musiker oder Organisatoren von Elementen im Rahmenprogramm sind in ihrer Bedeutung im Rahmen der Wertschöpfungskette nicht zu unterschätzen. Auf Kundenseite muss unterschieden werden, ob die Firma des Kunden direkt bucht oder eine (Event-)Agentur dazwischengeschaltet wird. In diesem Fall ergibt sich eine Diskrepanz aus Bucher (Agentur) und Kunde (Auftraggeber). Eine weitere wichtige Personengruppe, die es aus

Sicht der Veranstaltungsstätte zu beachten gilt, ist die der Teilnehmer. Die Teilnehmer haben zwar in aller Regel keinerlei Einfluss auf die Auswahl der Veranstaltungsstätte und sie kommen meist auch nicht für die Kosten der Veranstaltung auf, dennoch ist ihr Einfluss durch die Mund-zu-Mund-Propaganda im Sinne eines zukunftsweisenden Marketings nicht zu unterschätzen. Die Anbieterseite wird dadurch angehalten, Marketing- und Betreuungsaktivitäten an die jeweiligen Gegebenheiten auf Nachfragerseite anzupassen.

Allgemeine Trends auf dem MICE-Markt

Im Meeting- und EventBarometer Deutschland 2019/2020 wurden – selbsterklärend ohne Kenntnis einer anstehenden weltweiten Pandemie – die in → Abb. 10 vorgestellten zukunftsweisenden Trends sowohl aus Veranstalter- als auch aus Anbietersicht dargestellt. Dabei fällt auf, dass hier die Veranstalter bereits als etwas vorausschauender einzuschätzen sind, da sie hybriden und virtuellen Veranstaltungen ebenso wie neuen Formaten und KI-Anwendungen bereits einen höheren Stellenwert einräumen, als Anbieter dies tun. So entstanden in den vergangenen Jahren auch bereits weitere innovative Veranstaltungskonzeptionen, von denen der Verband der Veranstaltungsorganisatoren e.V. (VDVO) die wichtigsten neuen partizipativen Veranstaltungsformate wie folgt zusammenstellt:

- Open Space
- Barcamp
- World Café
- Warp Conference
- Brownbag Session
- Fishbowl
- Slam
- Best Practice Network
- Fuck up Night
- Speed Geeking
- Pecha Kucha

» Ignite
» Walt Disney Strategy
» Six Thinking Hats (VDVO)

Anbieter gaben aus ihrer Sicht die Individualisierung als wichtigsten Trendfaktor an, dem die Veranstalter allerdings nicht dieselbe Relevanz zusprechen.

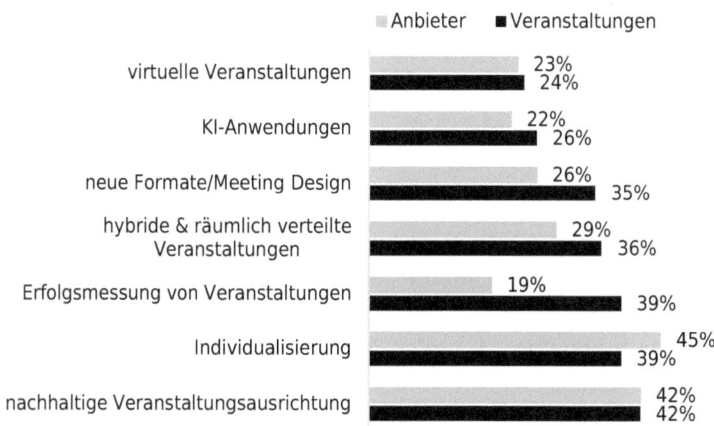

Abb. 10: Ranking der zukunftweisenden Trends aus Veranstalter- und Anbietersicht im Jahr 2019
Quelle: eigene Darstellung in Anlehnung an EITW 2020

Auf Basis dieser Darstellung erscheint es ratsam, die nachhaltige Veranstaltungsausrichtung als den wichtigsten und zukunftweisenden Trend im Detail zu betrachten. In den vergangenen Jahren wurde der Begriff *Green Meetings* zu einem regelrechten Modebegriff im MICE-Business. Während nach wie vor einige Anbieter am Markt sogenanntes Greenwashing betreiben – nämlich die Anwendung lediglich sehr dezidierter Nachhaltigkeitsinitiativen rein zum Zwecke eines Marketingvorteils -, definiert das German Convention Bureau (GCB) ein Green Meeting als ein Meeting, das umweltfreundliche Konzepte über alle Planungsphasen hinweg integriert, um Schäden für die Umwelt möglichst gering zu halten. (GCB, o. J.) Das GCB gibt außerdem eine Empfehlung in Form einer

10-Punkte-Liste ab, welche Elemente ein Meeting „green" machen können:

[1] frühzeitig Weichen stellen
– Priorisierung von Nachhaltigkeit, Mitarbeiterbriefing

[2] „Zeichen" setzen
– grüne Geschäftspartner (mit Zertifizierung) bevorzugen

[3] papierlos arbeiten
– Teilnehmermanagement online, Konferenzmaterial zum Download

[4] klimaneutral „bewegen"
– kurze Wege bzw. emissionsreduzierte Transportmittel

[5] think global, act local
– ortsansässige Partner und lokale Produkte bevorzugen

[6] „grünes" Catering
– regionale/saisonale Produkte, recyclebares Geschirr

[7] ans Recycling denken
– Mülltrennung vor und hinter den Kulissen

[8] aus alt mach neu
– Schilder, Counter, Banner etc. mit neutralem Branding zur Mehrfachnutzung

[9] Energie & Ressourcen sparen
– sparsame Alternativen bei Strom- und Wasserverbrauch

[10] sich „neutralisieren"
– Ausgleichsprojekte auf Basis der CO_2-Berechnung unterstützen (GCB)

Es gilt zu beachten, dass diese zehn Empfehlungen eigentlich über ein klassisches Green Meeting hinausgehen, da hier nicht nur die Umwelt beachtet wird, sondern auch die beiden anderen Säulen des klassischen Nachhaltigkeitskonzepts – nämlich Ökonomie und Soziales – mit in die Betrachtung einbezogen werden. Sehr interessant ist in diesem Zusammenhang die in → Abb. 11 vorgestellte Untersuchung der EITW aus dem Jahr 2019: Während Veranstalter sowohl nachhaltigem Eventmanagement als auch den korrespondierenden Zertifizierungen eine durchaus große Bedeutung zumessen, schätzen die Anbieter diese Initiativen als deutlich weniger bedeutsam ein. Darauf basierend kann konstatiert werden, dass Anbieter, die Green Meetings anbieten und entsprechend vermarkten, durchaus einen Wettbewerbsvorteil auf dem MICE-Markt anstreben können. Davon ungeachtet bleibt allerdings, ob die nachfragenden Veranstalter auch konsequenterweise bereit sind, die Nachhaltigkeitsinitiative mit einer höheren Zahlungsbereitschaft zu wertschätzen.

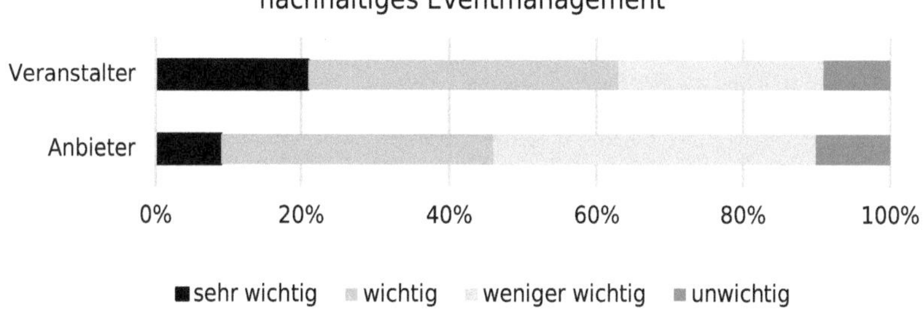

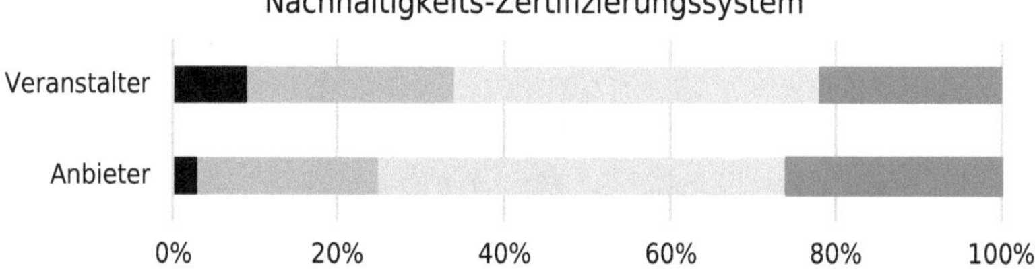

Abb. 11: Entscheidungsfaktoren für eine Location im Sinne der Nachhaltigkeit
Quelle: eigene Darstellung in Anlehnung an EITW 2020

Eine weitere Diskrepanz ergibt sich aus der Betrachtung der Budgetaufteilung – und somit der Gewichtung der Bedeutung – hinsichtlich der Online- und Offline-Informationsquellen im MICE. Aus → Abb. 12 lässt sich ablesen, dass Veranstalter etwas über die Hälfte ihres Budgets auf Onlineinformationsquellen (und hier insbesondere Suchmaschinen und die Homepage des Anbieters) verwenden. Derselbe Schwerpunkt ist zwar auch für die Anbieter zu erkennen, allerdings bewerten diese Tagungsportale deutlich wichtiger als Suchmaschinenmarketing. Während also Anbieter einen deutlichen Anteil ihres Budgets für Tagungsportale,

Printprodukte und Anzeigen sowie in Social-Media-Marketing vorsehen, scheinen diese Kanäle nicht zu den in gleichem Maße bevorzugten der Veranstalter zu gehören. Es erscheint ratsam, dass sich die Veranstalter zukünftig intensiver mit den Verhaltensweisen und Buchungsweisen ihrer Kunden auseinandersetzen, um die ihnen zur Verfügung stehenden Budgets auch tatsächlich mit einem erkennbaren Mehrwert einzusetzen.

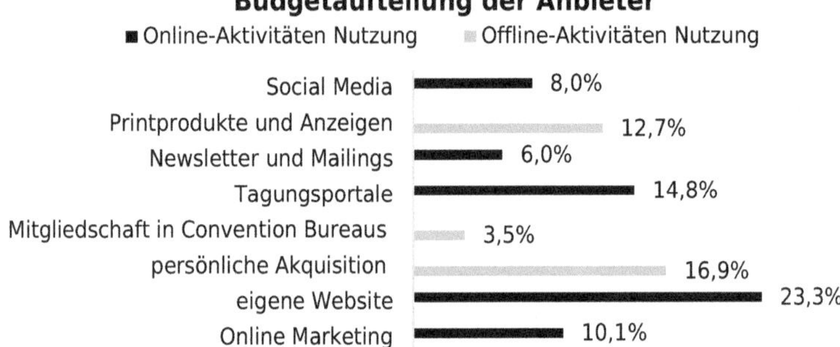

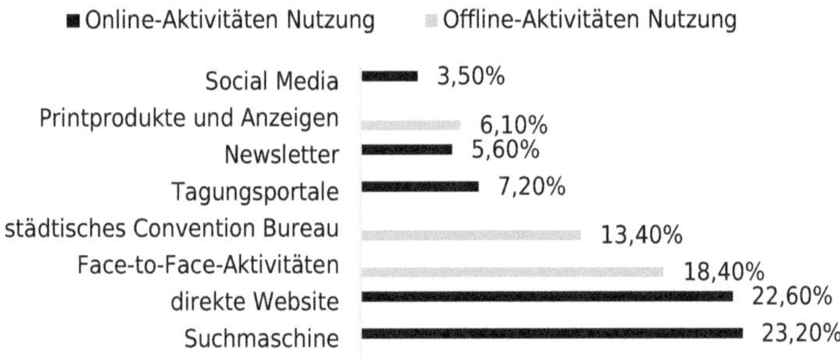

Abb. 12: Gegenüberstellung Budgetaufteilung Anbieter und Veranstalter
Quelle: eigene Darstellung in Anlehnung an EITW 2020

In der praktischen Umsetzung von MICE-Veranstaltungen in jüngerer Vergangenheit bis 2019 wurden vor allem Trends wie „Abhalten spontaner Meetings mit wenigen Teilnehmern“ sowie die „getrennte Buchung von MICE- und Zimmerkontingenten" genannt. Indem der Veranstalter keine festen Zimmerkontingente in Verbindung mit den MICE-Räumlichkeiten bucht, sondern diese entweder auf Selbstbucher-Basis im Hotel bzw. als individuelle Zimmerbuchung via Buchungsportal plant, erwartet sich dieser eine vermeintliche Flexibilität und damit verbundene Kostenersparnis im Falle von Reduzierungen in der Teilnehmerzahl. Gerade aber bei in den folgenden Kapiteln angewandtem Revenue Management im MICE ist dieser Vorteil nur als scheinbar einzuordnen. Der Veranstalter kann häufig (z.B. hinsichtlich Preiskalkulation, anfallender Stornokosten oder Verfügbarkeit der Kontingente) von Komplettangeboten profitieren.

Im Rahmen der Berichterstattung zu Veranstaltungsformaten während der COVID-19-Pandemie konnte durchaus der Eindruck entstehen, dass das Konzept von hybriden und virtuellen Veranstaltungen erst im Rahmen der Pandemie quasi als Instrument der Notlösung entstanden ist. Die folgende → Abb. 13 lässt allerdings erkennen, dass sich zumindest hybride Veranstaltungen bereits in den Pandemie-Vorjahren 2017–2019 aus Anbietersicht steigender Beliebtheit erfreuten. Unbestritten bleibt jedoch, dass die Auswirkungen der Pandemie einen Schub für hybride und selbstredend für virtuelle Veranstaltungen bewirkten. So wird es spannend bleiben zu beobachten, wie die MICE-Branche sowohl auf Anbieter- als auch auf Veranstalterseite mit den veränderten Rahmenbedingungen umgehen wird und wie sich die entsprechenden Veranstaltungstypen langfristig entwickeln werden. Im Function Space Revenue Management auf Anbieterseite bedeutet dies, dass der Wert der Raummiete einen immer größeren Stellenwert einnimmt. Tendenziell werden bei hybriden Meetings eher weniger Personen teilnehmen. Eine gewinnbringende Kalkulation des als begrenzt anzusehenden Angebots an Veranstaltungsräumlichkeiten ist von elementarer Bedeutung. Die meist aufwändige technische Ausstattung bei hybriden Meetings erfolgt in der Regel von externen Technikpartnern gegen Abrechnung einer festgelegten prozentualen Provision.

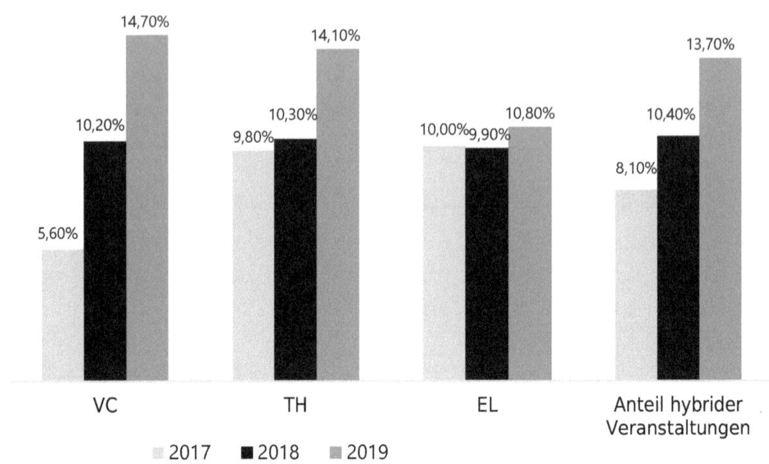

Abb. 13: Hybride Veranstaltungen
Quelle: eigene Darstellung in Anlehnung an EITW 2020

Veränderte Rahmenbedingungen durch die COVID-19-Pandemie

Die MICE-Branche wurde ab dem Frühjahr 2020 weltweit durch die Maßnahmen zur Bekämpfung der COVID-19-Pandemie besonders hart getroffen. Die längerfristige Schließung von Veranstaltungsstätten und Hotels gepaart mit dem Verbot, Veranstaltungen mit einer größeren Personenzahl abzuhalten, verursachte einen direkten finanziellen Schaden in der MICE-Branche (inkl. sämtlicher zugehöriger Dienstleister) wie in kaum einer anderen Branche. Bereits im Mai 2020 veröffentlichte das Meeting- und EventBarometer eine Sonderausgabe zu den Auswirkungen des Coronavirus auf den deutschen Veranstaltermarkt. Zu diesem Zeitpunkt gaben die Anbieter an, dass knapp 54 % aller Veranstaltungen bereits abgesagt und knapp 30 % verschoben wurden. Lediglich rund 16 % der geplanten Veranstaltungen konnten noch durchgeführt werden. → Abb. 14 zeigt auf, welche Veranstaltungsarten hier besonders betroffen waren.

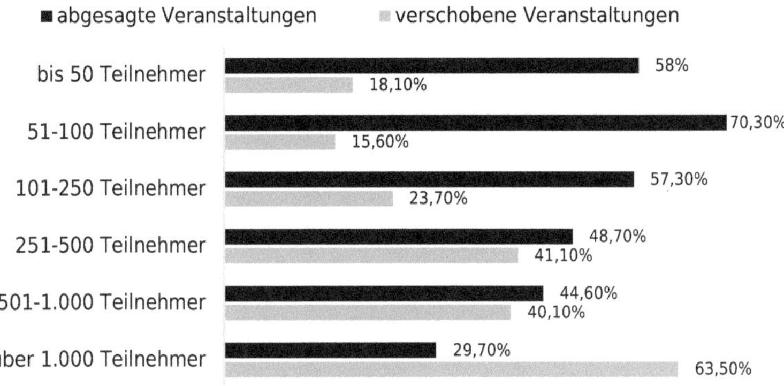

Abb. 14: Verlust und Verschiebung nach Größenklassen
Quelle: eigene Darstellung in Anlehnung an EITW 2020a

Es lässt sich aus der Abbildung direkt ablesen, dass größere Veranstaltungen zuerst einmal verschoben wurden, kleinere Veranstaltungen hingegen wurden abgesagt. Dies bedeutet, dass Tagungshotels hier überproportional betroffen waren, da wie in vorhergehenden Grafiken abzulesen, diese kleineren Veranstaltungen vermehrt hier geplant waren. Diese kleineren Veranstaltungen wurden in aller Regel ersatzlos gestrichen oder in ein virtuelles Format übertragen. Damit scheint auch ein Nachholen der Umsätze zu einem späteren Zeitpunkt nicht realistisch.

Da leider auch im Frühjahr 2021 eine Rückkehr zum Vor-Pandemie-Status für die MICE-Branche nach wie vor nicht in greifbarer Nähe scheint, haben bereits einige Veranstalter begonnen, nach Ersatznutzungen für Ihre Räumlichkeiten zu suchen. Als ein stellvertretendes Beispiel sei der Saal der renommierten Großgastronomie „Paulaner am Nockherberg“ in München genannt. Der Wirt Christian Schottenhammel und der Deutsche Hotel- und Gaststättenverband (DEHOGA) haben eine Konzeption zur vorübergehenden Nutzung des momentan leerstehenden Saals für Schulklassen erarbeitet. Hier könnten Abstände und Hygienemaßnahmen problemlos eingehalten werden und den Schulen ggf. eine frühere Rückkehr zum Präsenzunterricht ermöglicht werden. (Frömmer 2021) Selbstredend sind derlei Aktionen eher auf einen kurzfristigen Aktionsradius und nur bedingt zur Einnahmengenerierung geeignet. Langfristig sollten sich alle Arten von Veranstaltungsstätten sowohl strategisch als auch operativ mit den neuen oder geänderten Kundenanforderungen beschäftigen.

Abb. 15: Worauf werden Sie vor dem Hintergrund der COVID-19-Pandemie in der Zukunft bei Geschäftsreisen besonders achten?
Quelle: eigene Darstellung in Anlehnung an FUR 2020

In → Abb. 15 zeigt sich, dass Hygiene, Sicherheit und Abstand zu den wichtigsten Anforderungen für Kunden im Geschäftsreisebereich auch nach Beendigung aller Maßnahmen zur Pandemiebekämpfung gehören werden. Diese betreffen insbesondere die operative Umsetzung im Rahmen der Durchführung künftiger Veranstaltungen. Jedoch sollten die von den Veranstaltungsstätten in diesem Zusammenhang umgesetzten Maßnahmen unbedingt auch im Marketing implementiert werden, um den Kunden bereits im Planungsprozess ein umfassendes Sicherheitsgefühl zu vermitteln. Ein klar strategischer Anspruch der Kunden betrifft die zukünftige Gestaltung von Stornierungsbedingungen. Die Bedeutung flexibler und stornierbarer Raten wurden den Kunden sowohl im Individualbuchungsprozess als auch im MICE-Bereich im Jahr 2020 nur zu deutlich vor Augen geführt. Eine Analyse von American Express mit dem Titel „2021 Global Meetings and Events Forecast“ kommt zu einem sehr ähnlichen Ergebnis: Laut Studie haben insbesondere zwei Faktoren einen deutlichen Einfluss auf die Planung von zeitnahen Präsenzveranstaltungen: 1. Vertrauen der Teilnehmer in die Hygiene und Sicherheitsstandards vor Ort; 2. Flexible Stornierungs- und Umbuchungsmöglichkeiten. (American Express 2020) Darin ist ein klarer Auftrag an die Veranstaltungsstätten hinsichtlich der Gestaltung der zukünftigen marktfähigen Angebote zu sehen!

Als positives Signal kann die Branche sicherlich werten, dass Geschäftsreisende laut Reiseanalyse auch zukünftig Geschäftsreisen eher nicht durch Videokonferenzen ersetzen möchten, Tagesreisen den Übernachtungsreisen nicht vorziehen und vor allem von Geschäftsreisen generell nicht absehen wollen. Dies bedeutet, dass die MICE-Branche durch die COVID-19-Pandemie zwar wirtschaftlich ganz besonders in Mitleidenschaft gezogen wurde, aber nach Erholung der gesamtwirtschaftlichen Lage und unter Berücksichtigung der veränderten Kundenpräferenzen langfristig wieder auf treue MICE-Kunden zählen kann.

3.2 Marktstudie

Im Sommer/Herbst 2020 führten die beiden Autorinnen eine semistrukturierte Marktstudie unter anonymer Einbeziehung von Hotels im deutschsprachigen Markt, die über ein Angebot von Veranstaltungsräumlichkeiten verfügen, durch. Um die Ergebnisse nicht durch die zu diesem Zeitpunkt andauernde COVID-19-Pandemie und deren Auswirkungen auf MICE zu trüben, wurde der überwiegende Anteil der Fragen mit explizitem Bezug auf das Jahr 2019 – und somit die Vor-Corona-Situation – formuliert. Lediglich einige wenige spezifische Fragestellungen gingen explizit auf die geänderten Rahmenbedingungen während und nach der Pandemie ein, um die hierfür relevanten Ergebnisse in dieses Fachbuch einbringen zu können.

Auch wenn die Marktstudie nicht den Anspruch auf eine repräsentative Darstellung der aktuellen Situation in der Anwendung von Revenue Management im MICE erhebt, so kann dennoch festgehalten werden, dass die nachfolgend vorgestellten Daten Betrieben eines breiten Marktspektrums zugeordnet werden können. So werden hier Betriebe mit einem

Angebot zwischen 2 und 50 Veranstaltungsräumen sowie einer Gesamtfläche der Veranstaltungsräume zwischen 100 m² und 11.000 m² bzw. einer optimalen Teilnehmerzahl aller Veranstaltungsräume zwischen 45 und 4.500 Teilnehmern repräsentiert.

Die Marktstudie geht durch die Aussage, dass knapp die Hälfte aller Veranstaltungen der Kategorie 11–30 Teilnehmer zuzurechnen sind, mit dem Meeting- und Eventbarometer Deutschland 2019/2020 (S. 20) konform, demnach sich die überwiegende Anzahl der Veranstaltungen im Rahmen bis 50 Teilnehmer bewegt.

Als relevant für die Etablierung eines strukturierten Revenue-Management-Systems ist u.a. die in → Abb. 16 dargestellte Angabe zum durchschnittlichen Veranstaltungsumsatz netto (ohne Logisumsatz) anzusehen:

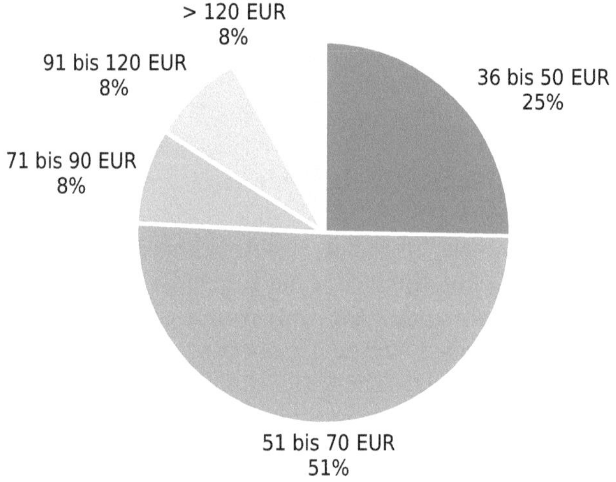

Abb. 16: Ergebnis Marktstudie: durchschnittlicher Veranstaltungsumsatz netto (ohne Logisumsatz) pro Teilnehmer im Jahr 2019
Quelle: eigene Darstellung auf Basis der Datenauswertung

In Kombination mit den Angaben zur Conversion Rate (laut Marktstudie materialisierten sich im Jahr 2019 durchschnittlich ca. 34 % aller Anfragen), zur angefragten Veranstaltungsdauer (in etwa gleiche Aufteilung auf 1 / 1,5 / 2 Tage der Anfragen nach Veranstaltungsdauer im Jahr 2019 mit deutlich geringeren Werten für eine längere Veranstaltungsdauer) sowie zum prozentualen Anteil der Anfragen mit und ohne Übernachtung (durchschnittlich ca. 42,5 % aller Anfragen im Jahr 2019 für Veranstaltungen ohne Übernachtung, ca. 62,5 % mit Übernachtung) kann eine erste Analyse als Grundlage für die Anwendung von entsprechenden Revenue-Management-Prinzipien gestartet werden. Als wichtigster Punkt kann hier im Sinne der Voraussetzungen konstatiert werden, dass die Betriebe über verwendbare und gut gepflegte interne Statistiken verfügen, welche eine Auswertung (inkl. Vergleich zu den Vorjahren) der o.a. Punkte zulassen. Erst wenn diese Daten in strukturiert aufbereiteter Form vorliegen, kann mit den nächsten Schritten in der tatsächlichen Anwendung eines Revenue-Management-Konzeptes begonnen werden. (siehe Kapitel 4.2)

In einem nächsten Schritt der Vorbereitung steht die Analyse des starren bzw. flexiblen Preismanagements an. Die Marktanalyse ergab, dass zwar alle befragten Hotels mit Veranstaltungskapazitäten dynamische Preise basierend auf der Nachfrage hinsichtlich der Zimmerraten anbieten, bei der Raummiete tun dies aber nur die Hälfte. Das bedeutet, dass 50 % der an der Marktanalyse beteiligten Hotels ein starres Preismanagement für ihre Tagungsraummieten anbieten, also stets unflexible und konstante Preise unabhängig von der Nachfrage. Während dies für die Kunden hinsichtlich einer verlässlichen Ratenplanbarkeit durchaus von Vorteil sein kann, erscheint es wahrscheinlich, dass die Hotels einerseits an nachfrageschwachen Tagen Anfragen durch zu hohe durchschnittliche Preise und andererseits zusätzlichen Umsatz an nachfragestarken Tagen aufgrund der konstanten Preisstruktur verlieren. Noch seltener werden laut Aussage der beteiligten Hotels dynamische Preise für Tagungspakete angeboten – lediglich zu 33 %.

In diesem Zusammenhang erscheint es weiterhin interessant zu betrachten, wer denn letztendlich im Falle eines dynamischen Preismanagements die Entscheidung über die Quotierung von Zimmerpreisen, Raummieten und Tagungspaketen trifft. Während die Zuständigkeit im Falle von Zimmerpreisen eindeutig beim jeweiligen Revenue Manager liegt, geben die befragten Hotels als Zuständigkeit der Quotierung von Raummieten und Tagungspaketen eine ausgewogene Aufteilung auf General Manager, Group Convention Sales Manager, Revenue Manager sowie einzelne Mitarbeiter im Veranstaltungsverkauf mit Verkaufskalender an. Eine nicht vorhandene allgemein übliche Regelung der Zuständigkeit ist ein weiteres Indiz dafür, dass ein dynamisches Preismanagement im Hinblick auf Raummieten und Tagungspakete derzeit noch kaum strukturell etabliert ist.

Nachdem es in diesem Aspekt durchaus einen Unterschied machen kann, ob der Kunde direkt oder via Agentur bzw. eines Buchungsportals anfragt, lohnt sich hier ein genauerer Blick auf die Ergebnisse der Marktstudie hinsichtlich der Lead Source (Quelle der Anfrage). Durchschnittlich knapp 50 % der Anfragen erfolgten direkt beim Hotel – telefonisch, per E-Mail oder über die hoteleigene Website. An zweiter Stelle mit rund 23 % standen Anfrageportale und die darüber gesteuerten RFPs (Request for Proposal). Knapp dahinter an dritter Stelle mit 21,5 % folgten Event-Agenturen und Meeting Planner offline. Das Schlusslicht bildeten mit 19 % Onlinebuchungsportale mit Instant-Booking-Möglichkeit. Der entscheidende Unterschied zwischen den Lead Sources besteht darin, dass bei der direkten Anfrage gleichzeitig direkter Kontakt zum Kunden entsteht und Verkaufsgespräche gezielt geführt sowie Rückfragen unmittelbar beantwortet werden können. Bei allen anderen Lead Sources besteht nur ein indirekter Kundenkontakt – ggf. könnte weder der Kunde noch dessen Branche bekannt sein und somit kein wirklich maßgeschneidertes Angebot erstellt werden.

Die nächste Phase im professionellen Revenue Management, die es zu untersuchen lohnt, ist die vorausschauende Planung. Wie in Kapitel 4.5.2 ausführlich besprochen, verlangt die Etablierung eines dynamischen Preismanagements eine langfristige Abschätzung der Nachfragesituation und eine darauf basierende Budgetierung. In der praktischen Umsetzung bedeutet dies, dass regelmäßige Nachfrage-Forecasts erstellt werden. Die Befragung im Rahmen der Marktstudie hat ergeben, dass eine knappe Mehrheit (57 %) der untersuchten Betriebe einen regelmäßigen Nachfrage-Forecast erstellen. Von diesen Betrieben wiederum erstellen 42 % einen wöchentlichen Nachfrage-Forecast. Die anderen Betriebe tun dies überwiegend (33 %) nach Bedarf ohne festen Zeitplan, der Rest monatlich (17 %) oder quartalsweise (8 %). In einem weiteren Aspekt erstellen rund 78 % der Betriebe, die überhaupt einen Nachfrage-Forecast erstellen, diesen für einen Zeitraum von mindestens 180 Tagen im Voraus. Diese Zahlen lassen insbesondere die folgende Schlussfolgerung zu: In der Frage der vorausschauenden Planung ist eine deutliche Polarisierung zu erkennen. Während knapp die Hälfte der Betriebe keinerlei Prognoseverfahren im MICE anwenden, zeigen die Betriebe, die dies doch tun, einen durchaus hohen Professionalisierungsgrad auf. Sie führen Updates in den Nachfrage-Forecasts meist in einem wöchentlichen Rhythmus und überwiegend mit einem zeitlichen Horizont von mindestens 180 Tagen durch.

Ein weiterer essenzieller Part in der Etablierung eines vollumfänglichen Revenue-Management-Systems stellt die konsequente Erfassung und Auswertung von Kennzahlen dar. In diesem Zusammenhang gaben im Rahmen der Marktstudie tatsächlich 100 % aller befragten Betriebe an, abgelehnte Veranstaltungsanfragen im jeweiligen Softwaresystem als UNC (Unable to confirm) zu erfassen. Dies ist ein äußerst erfreuliches Ergebnis, da hier in sämtlichen Betrieben die Grundlage für die Erfassung des gesamten Nachfragevolumens gelegt wird. Lediglich die Erfassung der realisierten Veranstaltungen würde kein reales Bild hinsichtlich der tatsächlichen Marktlage zulassen. So wäre rein aus dieser Angabe nicht abzuschätzen, ob denn die Nachfrage exakt den gebuchten Leistungen entspricht oder aber evtl. die zehnfache Menge an Veranstaltungskapazitäten abzusetzen gewesen wäre. Die Kenntnis und Auswertung dieser vergangenen Marktlage wird eine wichtige Rolle in der Gestaltung der dynamischen Preisrichtlinien im Forecasting für die Zukunft spielen. Etwas weniger Engagement zeigen die untersuchten Betriebe bei der Erfassung der IST-Buchungszahlen. Hier bestätigten 71 % der Befragten, dass sie Veranstaltungen nach deren Durchführung (manuell) in ihrem jeweiligen Softwaresystem vom Status DEF (Definitiv = bestätigte Veranstaltungsbuchung) auf ACT (Actual = vergangene Veranstaltung) setzen. Dieser Schritt ist aber insbesondere deswegen für eine systematische wirtschaftliche Auswertung relevant, da bei den allermeisten Veranstaltungen die tatsächlichen Umsatzzahlen durchaus vom vertraglich festgelegten Umsatz abweichen. Gründe hierfür können kurzfristige Reduzierung oder Mehrbuchung von Teilnehmern, Sonderbestellungen vor Ort oder auch Kulanznachlässe sein. Was eine weitergehende Auswertung der sogenannten KPIs (Key Performance Indicators = Kennzahlen) für den Veranstaltungsbereich angeht, so sinkt hier die Umsetzung in den befragten Betrieben leider deutlich. Lediglich 36 % gaben an, dass sie KPIs systematisch erfassen, auswerten und als Grundlage weitergehender betrieblicher Entscheidungen nutzen. Nachstehend folgt eine Auswahl an konkreten KPIs, die von den befragten Betrieben praktisch angewandt werden:

» Conversion Rate (Verhältnis Anfragen vs. Buchungen)
» Umsatz pro m^2 bzw. pro Veranstaltungsraum
» Auslastungsquote der Veranstaltungsräume
» optimale Teilnehmerzahl vs. tatsächliche Teilnehmerzahl
» Teilnehmerzahl je Veranstaltungsraum

Zusammenfassend muss zur Thematik des aktiven Kennzahlenmanagements leider attestiert werden, dass hier noch großes Potenzial bei den untersuchten Betrieben (und wohl auch bei einer Vielzahl an hier nicht untersuchten Betrieben) zu finden ist. Sowohl die Systematik im Umgang mit Kennzahlen als auch die Auswahl der analysierten KPIs (eine vollständige Liste findet sich in Kapitel 4.6.2) legen klare Defizite offen. Dies ist insbesondere aus wirtschaftlicher Sicht als bedenklich einzuschätzen, da die Daten den Betrieben bei etwas Investition in die Datenpflege ja direkt vorliegen würden. Eine weiterführende Auswertung und Analyse festgelegter KPIs würde eine wertvolle Grundlage für eine erfolgreiche Installation eines systematischen Revenue-Management-Systems liefern. Die hier investierten Ressourcen würden sich durch die Möglichkeit, zukünftig Preise und Kosten faktenbasiert managen zu können, schnell amortisieren.

Ein letzter Fragenteil in der Marktstudie befasste sich mit der zu diesem Zeitpunkt grassierenden COVID-19-Pandemie und deren Folgen für die MICE-Branche, soweit diese abzusehen waren. Aus → Abb. 17 wird ersichtlich, dass die befragten Unternehmen den Wettbewerb zu weiteren Marktteilnehmern (Durchschnittswert 3,69 bei einer Skale mit 1 = geringe Herausforderung und 5 = große Herausforderung) neben den diskrepanten Kundenerwartungen bzgl. Stornobedingungen (3,62) als größte Herausforderung im Verkauf von Meetings und Events auf ihren Betrieb bezogen sehen.

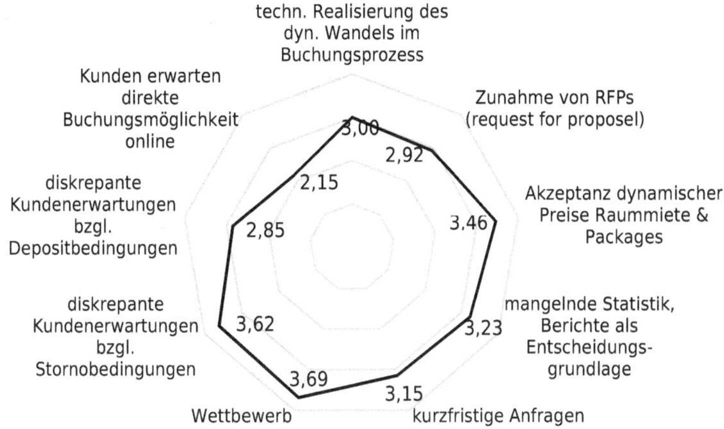

Abb. 17: Ergebnis Marktstudie: aktuelle Herausforderungen im Verkaufsprozess von Meetings & Events aus Sicht des eigenen Betriebs
Quelle: eigene Darstellung auf Basis der Datenauswertung

Des Weiteren wird die Akzeptanz der Kunden hinsichtlich dynamischer Preise für Raummiete und Tagungspakete (3,46) ebenso wie die erwartete zunehmende Kurzfristigkeit der Anfragen (3,15) als Hürde im Verkaufsprozess angesehen. Mit Bezug auf den vorangegangenen Absatz sollten sich die Betriebe bzgl. der von ihnen als Herausforderung angesehenen mangelnden Verfügbarkeit von Statistiken und Berichten als Entscheidungsgrundlage für ein dynamisches Preismanagement in weiten Teilen selbst in ihrem KPI-Management hinterfragen. Als interessant gilt es zu bewerten, dass die technischen Aspekte im zukünftigen Verkaufsprozess (z.B. Erwartung von Onlinebuchbarkeit durch die Kunden, technische Realisierung des dynamischen Wandels im Buchungsprozess oder die Zunahme von RFPS) insgesamt als deutlich geringere Herausforderungen im Verkaufsprozess eingestuft werden. Die offene Befragung, inwiefern sich die Erwartungshaltung der Kunden im Zuge der COVID-19-Pandemie verändert, ergab die folgenden Rückmeldungen:

» massive Flexibilität bei Stornobedingungen; hohe Hygiene- und Schutzmaßnahmen in allen Bereichen; Social-Distancing-Maßnahmen; andererseits auch hohe Erwartungen an Kreativität in Zusammenhang mit Angebotsformen

» höhere Platzbedarf, größerer Wunsch nach flexiblen Stornierungsmöglichkeiten und Kulanz; auf der einen Seite werden hohe Hygiene und Sicherheitsvorkehrungen erwartet, auf der anderen der gleiche Standard wie vor der Pandemie
» internationale Tagungen erst wieder ab Mitte 2021; Einhaltung des Hygienekonzepts ist Standard
» kurzfristige CXL, kurzfristige Anfrage kleinere Gruppen, Hygienestandard
» Kunden wollen flexiblere und kulantere Stornobedingungen
» Akzeptanz der Stornierungsregelungen; Abstandsregelung in den Tagungsräumen – optimale Auslastung der Räume ist nicht mehr möglich
» erhöhte Nachfrage nach flexibleren Stornierungsbedingungen; Frage nach Hygienekonzepten; Erwartung von viel größeren Räumlichkeiten, obwohl Mindestabstände bereits eingehalten werden
» Anfragen werden kurzfristiger, sind beratungsintensiver und haben eine niedrige Conversion Rate
» die Gäste erwarten von uns absolute Einhaltung der Hygienemaßnahmen ohne Aufpreise zu akzeptieren und ein Entgegenkommen bei der Mindestpersonenanzahl
» flexiblere Stornierungsmöglichkeiten; Raumangebot angepasst an Richtlinien des Hygienekonzepts; virtuelle Möglichkeiten ausbauen
» hohe Anforderungen an Hygiene- und Schutzmaßnahmen; flexibelste Stornobedingungen

Diese konkreten Stimmen aus der Praxis lassen sich im Sinne des Revenue Managements in drei relevanten Punkten evaluieren und zusammenfassen:

[1] Die Konditionenpolitik – insbesondere hinsichtlich der Anzahlungs- und Stornobedingungen – sollte dem aktuellen Marktgeschehen angepasst und aus Kundensicht flexibler gestaltet werden.

[2] Im Nachfrage-Forecast sollte die abzusehende zunehmende Kurfristigkeit in den Veranstaltungsanfragen berücksichtigt werden.

> Im Zuge der Umsetzung der gesteigerten Kundenerwartungen bzgl. der geforderten Hygienemaßnahmen sollten im Rahmen einer realistischen Budgetplanung neben den festgelegten Mindestpersonenzahlen je Veranstaltungsraum auch die folgenden KPIs angepasst werden: Umsatz je Veranstaltungsraum bzw. je m^2, Auslastung bzw. optimale Personenzahl je Veranstaltungsraum.

Obgleich sich die Marktstudie in einigen Erkenntnissen mit bereits verfügbaren Studien deckt, so offerierte der vertiefende Einblick in teils sehr spezifische Themengebiete wertvolle Anregungen, die an unterschiedlichen Stellen dieses Fachbuchs in die Ausführungen einfließen.

Allen Teilnehmern der Marktstudie sei hier nochmals herzlich gedankt für ihr Engagement.

Zusammenfassung

Der dynamische deutsche MICE-Markt wird auf der Anbieterseite hauptsächlich von drei Typen von Veranstaltungsstätten repräsentiert: Tagungshotels (TH), Veranstaltungscentern (VC) und Eventlocations (EL). Den stärksten Zuwachs in den vergangenen Jahren verzeichnen hierbei die Eventlocations, welche die Nachfrage nach Veranstaltungen an immer außergewöhnlicheren Orten stillen. Die zahlenmäßig größten Veranstaltungen finden in VC statt. Ein großer Marktanteil wird kleinen Veranstaltungen bis 50 Teilnehmer einerseits und Seminaren/Tagungen/Kongressen in der Veranstaltungsart andererseits zugeschrieben.

Nachhaltigkeit bzw. Green Meetings, hybride Meetings sowie die buchungstechnische Trennung von Veranstaltungs- und Übernachtungskontingenten gehören zu den allgemeinen Trends am MICE-Markt. Als direkte Auswirkung der COVID-19-Pandemie kann die verstärkte konkrete Nachfrage nach Hygiene, Sicherheit und flexiblen Stornierungs-/Umbuchungsmöglichkeiten genannt werden.

Eine Primärdatenerhebung im Rahmen einer Marktstudie unter deutschen Hotels bestätigte weitgehend die Resultate des Meeting- und Eventbarometers. Interessant sind die Ergebnisse hinsichtlich eines dynamischen Preismanagements: Während sich dieses im Bereich der Zimmerraten mehr und mehr etabliert, wird es im Veranstaltungsbereich (sowohl Tagungspakete als auch Raummieten) noch kaum angewandt. Ebenso ist im Forecasting und in der Kennzahlenerfassung/-auswertung durchaus noch Nachholbedarf gegeben. Folgende auf das aktuelle Marktgeschehen abgestimmte Handlungsempfehlungen können direkt aus der Studie abgeleitet werden: 1. Anpassung der Konditionenpolitik, 2. Abstimmung des Nachfrage-Forecasts auf zunehmend kurzfristige Buchungen, 3. Anpassung der KPIs (z.B. Umsatz je m^2) an Hygieneanforderungen.

4 Anwendung des Revenue Managements im MICE

4.1 Der Revenue-Management-Kreislauf

Die Anwendung der Revenue-Management-Prinzipien folgt der regelmäßigen Abfolge einzelner Phasen: Analyse – Forecast – Strategie – Kontrolle. → Abb. 18 visualisiert den Kreislauf der Phasen des Revenue Managements.

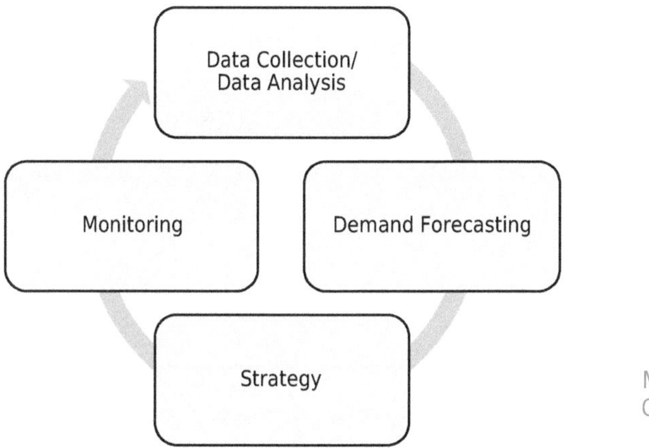

Abb. 18: Phasen des Revenue Managements Quelle: eigene Darstellung

Diese Phasen stellen den zusammenhängenden Kernprozess des Revenue Managements dar, der zu einer strategischen und taktischen Preis- und Kapazitätsentscheidung führt. Während der einzelnen Phasen des Revenue Managements kommt es zu Schnittmengen mit anderen Abteilungen, deren Geschäftsprozessen und Datenstrukturen, die Einfluss auf den gesamten Revenue-Management-Prozess und dessen Erfolg haben.

Das Revenue Management umfasst eine zusammenhängende Reihe von Analysen, wobei das Ergebnis (Outcome) einer Phase zum Input der nächsten Phase wird und als Grundlage für weitere Entscheidungen dient (McGuire, 2016, S. 231).

→ Abb. 19 zeigt den eigentlichen Revenue-Management-Zyklus und dessen Schnittmengen mit dem Verkauf und der Operative eines Unternehmens.

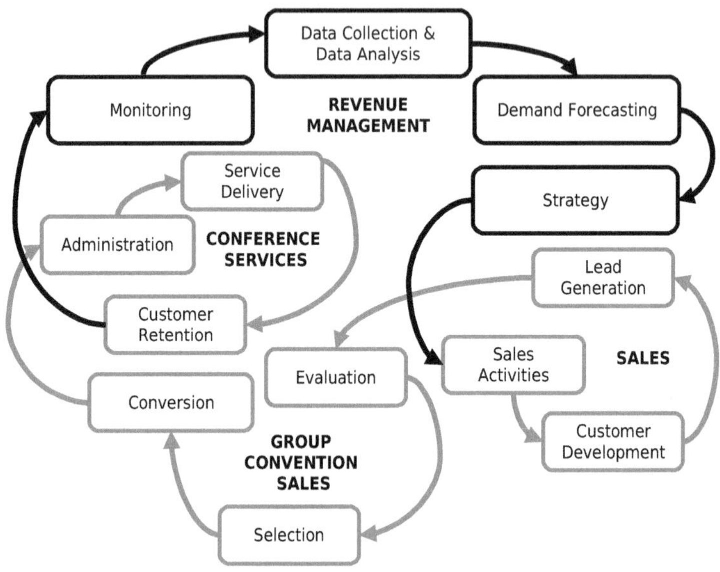

Abb. 19: Schnittstellen im RM Kreislauf
Quelle: eigene Darstellung

Der Kernzyklus des Revenue Managements (→ Abb. 20) beginnt mit dem systematischen und zusammenhängenden Sammeln von historischen Daten und jüngsten Trends. Die Analyse der historischer Nachfragetrends führt zu einem besseren Verständnis und hilft, die zukünftige Nachfrage genauer vorherzusagen.

Auf Basis der historischen und aktuellen Trends werden robuste Prognosen für die Veranstaltungskapazitäten pro Tag erstellt. Hierbei geht es um die Quantifizierung der Nachfrage, des Buchungstempos, der Lead Time und des Ertrages.

Im Rahmen der Strategie hilft ein Nachfragekalender, für die Veranstaltungsflächen die Nachfrage der Raumnutzung zu verstehen und einen dynamischen oder nachfrageorientierten Preisansatz für die Veranstaltungskapazitäten, einzelne Produkte und Leistungsbündel zu entwickeln.

Die Etablierung von Kennzahlen ermöglicht die Messbarkeit und eine kontinuierliche Kontrolle der MICE-Performance. Im täglichen Reporting werden die Auswirkungen der Preis- und Kapazitätsstrategie gemessen und analysiert. Im fortwährenden Kreislauf dokumentieren die Kennzahlen den aktuellen Trend und dienen als Input für künftige Prognosen.

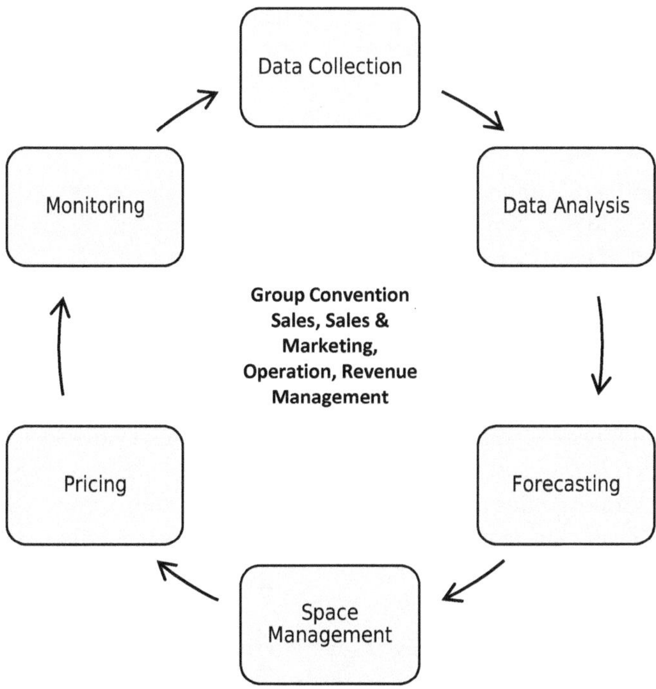

Abb. 21: Kreislauf im Function Space Revenue Management
Quelle: eigene Darstellung

4.2 Datensammlung

Eine systematische und kohäsive Datensammlung erfordert eine eindeutige Struktur der Quelldaten (siehe Kapitel 2.2). Bei der Datensammlung geht es darum, einzelne Informationen, Kennzahlen und Daten zu bereinigen und nach einer einheitsstiftenden Systematik zusammenzuführen, um aktuelle Trends zu identifizieren und faktenbasierte Antworten auf wichtige Fragen zu erhalten.

Ohne EDV- bzw. entsprechende Softwareunterstützung ist ein zeitaufwendiges manuelles Reporting erforderlich. Aktuelle und dynamische Zusammenhänge sind komplex und lassen sich in einer manuellen Umgebung kaum darstellen. Die mühsame Erfassung der Daten in Werken von Exceltabellen bündelt die Ressourcen im Hotel und birgt ein hohes Fehlerpotenzial.

Branchenübergreifende Studien zeigen, dass 80 % der Zeit mit dem bloßen Sammeln und Aufbereiten von Daten für Analysen verbracht wird. (DalleMule/Davenport, 2017)

Hinzu kommt, dass General Manager, Sales, Veranstaltungsverkauf, Revenue Manager unterschiedliche und individuelle Anforderungen an die Darstellung des Outputs haben. Im Rahmen der Datenvorbereitung muss ein Revenue Manager daher überlegen, welche Informationen aus welchen Quellen konkret benötigt werden, um die Nachfrage zu prognostizieren sowie strategische und taktische Entscheidungen pro Veranstaltungsraum, Teilnehmeranzahl und Tag zu treffen. Denn das originäre Ziel im Kernprozess des Revenue Managements ist die Festlegung eines Preises, um die wertvollste Nachfrage für die Veranstaltungsstätte und das gesamte Hotel zu gewinnen.

Es scheint ratsam, diesen Prozess mithilfe intelligenter Technologien zu automatisieren, um sich auf die Nachfrageprognose und die strategischen Entscheidungen zu konzentrieren.

4.3 Daten- und Trendanalysen

Analytik ist die umfassende Nutzung von Daten, statistischen und quantitativen Analysen, Erklärungs- und Vorhersagemodellen und faktenbasiertem Management, um Entscheidungen und Maßnahmen zu fördern. (Davenport/Harris, 2017) Der Wert der Analysen sowie der Wettbewerbsvorteil steigt mit den höheren Reifegraden der Analytik, indem die Analysen von rückblickenden Informationen zu einer vorausschauenden Optimierung übergehen. (Davenport/Harris, 2017)

→ Abb. 21 zeigt die unterschiedlichen Analysemethoden, die jeweils eine Reihe von Fragen je Komplexitätsgrad aufwerfen.

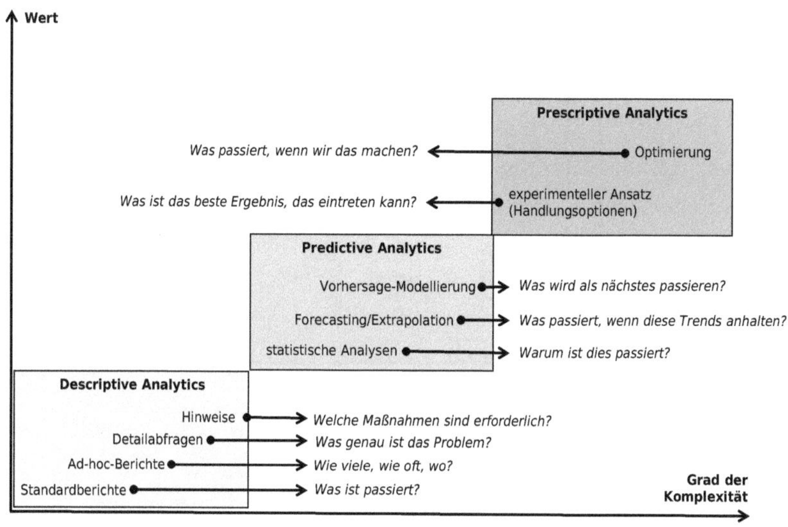

Abb. 21: Zusammenhängender Aufbau der Analytik
Quelle: eigene Darstellung in Anlehnung an Davenport, Harris (2017), Figure 1-2

Wissenschaftsbasierte Revenue-Management-Lösungen ermöglichen bereits eine Analytik mit höherem Komplexitätsgrad. Sie nutzen die strukturierten und unstrukturierten Daten sowie komplexe mathematische Algorithmen, die u.a. basierend auf Wahrscheinlichkeitsrechnungen und Simulationen Antworten auf Eintrittswahrscheinlichkeiten für bestimmte Ergebnisse liefern.

Wie bereits im Kapitel 1.4 erwähnt, stellen die multiplen und teilweise isolierten Datenquellen derzeit noch eine Herausforderung im Function Space Revenue Management dar, um komplexe Analysemethoden analog zu den Möglichkeiten im Bereich der Hotelzimmer anzuwenden.

Systematische Untersuchungen im Function Space Revenue Management helfen der Veranstaltungsstätte, Trends und Abweichungen zu erkennen sowie die Nachfrage pro Veranstaltungsraum, Tag, Markt und Veranstaltungsart zu verstehen. Denn je besser eine Veranstaltungsstätte das Buchungsverhalten und die Trends versteht, umso genauer kann es die zukünftige Nachfrage und deren Wert vorhersagen, um so den Umsatz zu maximieren und den Profit zu optimieren.

Die beschreibende Analyse untersucht die Vergangenheit und diagnostiziert Fragen zur Ursache:

» Wie ist die tägliche Nachfrage je Buchungsstatus, Veranstaltungsraum und/oder Teilnehmergröße?
» Wie variiert die Nachfrage pro Wochentag, Monat oder Saisonzeiten?
» Für welche Teilnehmer-/Umsatzgrößen erhält das Hotel Anfragen?
» Welcher Veranstaltungsraum hat die höchste Nachfrage, welcher Veranstaltungsraum hat die geringste Nachfrage? Welcher Raum ist der beliebteste Veranstaltungsraum?
» Wie weit im Voraus erfolgen die Anfragen für welche Teilnehmergröße? Wie ist das Buchungstempo?

Statistische Datenanalysen unterstützen im Revenue-Management-Prozess die Ermittlung der Nachfrage, die als Grundlage und Input für die Forecast-Modelle dient (McGuire, 2016, S. 233).

Für die Ermittlung der Nachfrage sind in einer Veranstaltungsstätte viele Daten und Informationen verfügbar. Es existiert Nachfrage für jeden einzelnen Tag im Jahr unterteilt nach:

» Buchungsstatus
» Marktsegment und Event Type
» Teilnehmergrößen
» Veranstaltungsräumen
» Lead Time

» Lead Source
» Umsatz.

Die Untersuchung der Nachfrage ermöglicht es der Veranstaltungsstätte, Trends zu erkennen und Buchungsmuster zu untersuchen. Für die Feststellung der Nachfrage ist es wichtig, dass die gesamte (inklusive verlorene und abgelehnte) Nachfrage berücksichtigt wird und mehrtätige Veranstaltungsanfragen pro Tag aufgeschlüsselt werden, um Tage oder Perioden mit hoher Nachfrage zu identifizieren. Hierbei helfen Kennzahlen wie Space Utilization und Conversion Rate (vgl. Kapitel 4.6.2).

→ Tab. 7 zeigt die tägliche Nachfrage (Anzahl der Anfragen) für jeden einzelnen Tag im Monat Februar an zwei aufeinanderfolgenden Jahren nach Buchungsstatus. Der Anteil der Anfragen, die storniert oder verloren wurden, macht in diesem Beispiel über 50 % der Anfragen aus. Wie kann das Hotel die verlorenen Buchungen in der Zukunft sichern und in definitive Buchungen konvertieren? Wie hoch ist der durchschnittliche Umsatz der verloren gegangenen Buchungen?

Laut des jährlichen Meeting- und Eventsbarometers des German Convention Bureaus waren Veranstaltungen „bis 50 Teilnehmer“ mit 2,4 % das am stärksten wachsende Segment im Jahr 2018. (EITW 2019) Dieses Segment hatte auch im Jahr 2019 den größten Anteil (41,4 %) aller Größenklassen, gefolgt vom Segment „bis 100 Teilnehmer“ mit 23,4 %. (EITW 2020) Das heißt, dass mehr als 60 % aller Veranstaltungen im Jahr 2020 in die Größenordnung fallen, die dem Gros der Veranstaltungsräumgrößen von Hotels entsprechen.

Wie ist die Nachfrage nach Teilnehmergröße in der eigenen Veranstaltungsstätte? Und in welchem Verhältnis steht die eigene Nachfrage in den einzelnen Größenklassen zur gesamten Nachfrage der Veranstaltungsstätte und zum Markt?

Ein Beispiel in Tabelle 8 zeigt, dass im Februar 2020 rund 69 % aller Anfragen in die Größenklasse bis 50 Teilnehmer fallen.

Tab. 7: Tägliche Nachfrage nach Buchungsstatus
Quelle: eigene Darstellung

Monat	Year	Status	1	2	3	4	5	6	7	8	9	10	11	12	13	14	15	16	17	18	19	20	21	22	23	24	25	26	27	28	29	Total	%
			FR	SA	SO	MO	DI	MI	DO	FR	SA	SO	MO	DI	MI	DO	FR	SA	SO	MO	DI	MI	DO	FR	SA	SO	MO	DI	MI	DO	FR		
Februar	2019	DEF	4	1	2	2	1	2	4	3	1		4	7	6	4	6	1		3	2	2	6	6			2	3	5	3		80	31,87%
		TEN						1		1	1												2		1					1		7	2,79%
		CXL	3			1	1	4	4	2								2	1		1	2							1	2		24	9,56%
		LOST	3	5		4	3	7	7	4	2	2	1	2	4	4	2	4	3	3	5	5	6	6	2	2	6	5	6	6		109	43,43%
		UNC	1			1	1	1	1				2	1	1	2	3			1	3	2	1	3			2	2	3			31	12,35%
Februar	**2019**	**TOTAL**	**11**	**6**	**2**	**8**	**6**	**15**	**16**	**10**	**4**	**2**	**7**	**10**	**11**	**10**	**11**	**7**	**4**	**7**	**11**	**11**	**15**	**15**	**3**	**2**	**10**	**10**	**15**	**12**	**0**	**251**	**100,00%**

Monat	Year	Status	1	2	3	4	5	6	7	8	9	10	11	12	13	14	15	16	17	18	19	20	21	22	23	24	25	26	27	28	29	Total	%
			SA	SO	MO	DI	MI	DO	FR	SA	SO	MO	DI	MI	DO	FR	SA	SO	MO	DI	MI	DO	FR	SA	SO	MO	DI	MI	DO	FR	SA		
Februar	2020	DEF	2	4	1	4	3	4	1	1	2	1	1	9	5	3	4	1	2	4	3	8	6	4	1	2	3	3	3	2	1	88	34,11%
		TEN																														0	0,00%
		CXL				1	2	4	3	3			3	1	1				2		1	2	1	3			1	2	2	2	1	35	13,57%
		LOST	4		3	3	3	6	4	2	1	1	6	3	3	3	2	1	1	1	3	5	6	6	3	2	6	11	8	6	8	111	43,02%
		UNC				2	2	1	1				1	4	2	1			3			2	1			1	2	1				24	9,30%
Februar	**2020**	**TOTAL**	**6**	**4**	**4**	**10**	**10**	**15**	**9**	**6**	**3**	**2**	**11**	**17**	**11**	**7**	**6**	**2**	**8**	**5**	**7**	**17**	**14**	**13**	**4**	**5**	**12**	**17**	**13**	**10**	**10**	**258**	**100,00%**

Tab. 8: Tägliche Nachfrage nach Teilnehmergröße
Quelle: eigene Darstellung

Monat	Jahr	TN Größe	1	2	3	4	5	6	7	8	9	10	11	12	13	14	15	16	17	18	19	20	21	22	23	24	25	26	27	28	29	30	31	Total	%
			SA	SO	MO	DI	MI	DO	FR	SA	SO	MO	DI	MI	DO	FR	SA	SO	MO	DI	MI	DO	FR	SA	SO	MO	DI	MI	DO	FR	SA				
Februar	2020	1-10		1		1	2					2	1	1					1		2		2			1	1	1	1					17	7,14%
		11-20			1	3	3	5	1	1			2	4	2	2	1		1			1	1	1	1			1	1	1	1			34	14,29%
		21-30		2		3	2	1	1			1	2	3	2	1	2	1	2	2	3	5	4	2	1		1		2					43	18,07%
		31-40			1	1	1	2	2	3			2	1			2					3	2	3		2	4		4	3	3			39	16,39%
		41-50	1	1	1		1	1	1				1	2	1	2	1	1			1	3	3	1	1	1	2	3	2		2			33	13,87%
		50-80	2	1	1	1	1	2	1	2	2	1		1							1		1	2		1	2	3	3	3	3			34	14,29%
		81-100						1	1										2					1	1			4	1	1				12	5,04%
		101-120							1				1	1	1	1				1	1	1	2	1				4						15	6,30%
		121-150	2								1				1					1	1													6	2,52%
		> 150	1												1									1						1	1			5	2,10%
Februar	**2020**	**TOTAL**	**6**	**5**	**4**	**9**	**10**	**12**	**8**	**6**	**3**	**4**	**9**	**13**	**8**	**6**	**6**	**2**	**6**	**4**	**9**	**13**	**15**	**12**	**4**	**5**	**10**	**16**	**14**	**9**	**10**			**238**	**100,00%**
			SO	MO	DI	MI	DO	FR	SA	SO	MO	DI	MI	DO	FR	SA	SO	MO	DI	MI	DO	FR	SA	SO	MO	DI	MI	DO	FR	SA	SO	MO	DI		
März	2020	1-10		2	2	2	1	2	1			3	1	1					1	1		2		1				2	1				1	23	10,41%
		11-20		1		1	3	3			1	1	1					1	4	1	2	2	1		1	1	1	1	1	1	1	1	1	29	13,12%
		21-30			2		3	2				2	2	3				2	3	2	2	3			2	1	5	4	3				2	41	18,55%
		31-40		1		1	1	1			3			2	1		1	2							3		3	2	3			3	4	24	10,86%

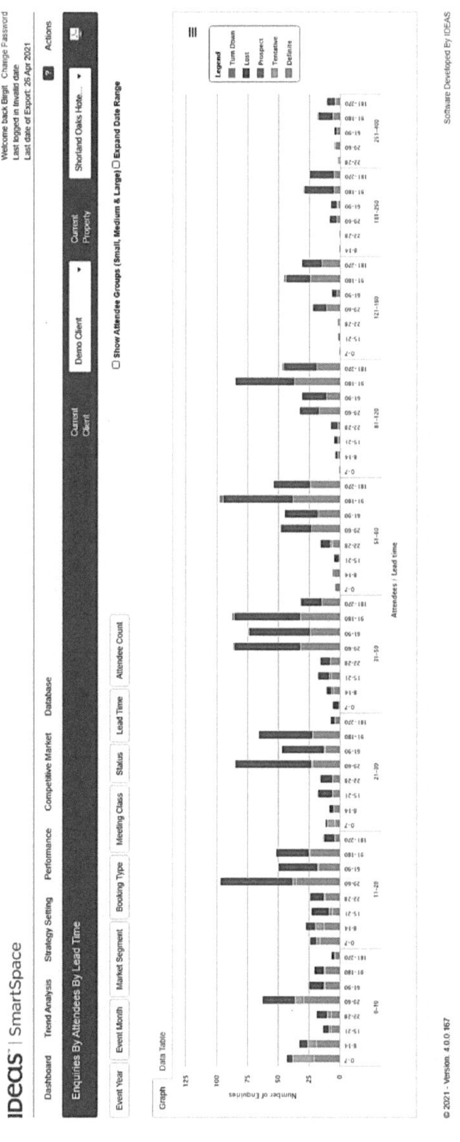

Abb. 22: Anfragen nach Teilnehmergrößen und Lead Time pro Buchungsstatus
Quelle: IDeaS Smartspace (2021) – Copyright © 2021 Integrated Decisions & Systems, Inc., Bloomington, MN, USA, All Rights Reserved. Used with permission.

In diesem Zusammenhang ist es außerdem wichtig, die Anfragen nach Veranstaltungsgröße mit der jeweiligen Vorausbuchungsfrist je Teilnehmergröße für einzelnen Monate, Tage und Wochentage ins Verhältnis zu setzen und für das eigene Unternehmen zu kennen.

Eine weitergehende Aufschlüsselung dieser Daten kann zusätzlich Aufschluss darüber geben, welchem Buchungsstatus diese Nachfrage zuzuordnen ist und ob ggf. hochwertige Nachfrage mit einer geringeren Vorausbuchungsfrist abgelehnt wird. → Abb. 22 zeigt grafisch die Anfragen unterteilt nach Buchungsstatus für die jeweiligen Teilnehmergrößen (z.B. 0–10 Teilnehmer, 11–20 Teilnehmer usw.) mit der entsprechenden Lead Time für einen ausgewählten Zeitraum.

Neben der Vorausbuchungsfrist ist die Analyse des Buchungstempos ein wesentlicher Faktor für die künftige Vorhersage der künftigen Nachfrage. Wie ist der Pickup pro Buchungsstatus und Umsatzstrom pro Monat oder Wochentag? Wann wandeln sich Anfragen in definitive Buchungen oder gehen verloren? Wie verhalten sich tentative Anfragen?

Die Informationen helfen allen Bereichen des Hotels. Sie unterstützen das Verkaufsteam, Follow-up-Prozesse zu überprüfen und ggf. frühzeitig Maßnahmen einzuleiten, um diesen Veränderungen entgegenzuwirken.

Eine Automatisierung des Pick-up-Trackingprozesses durch die Nutzung von entsprechenden Technologien verhindert eine Bündelung von personellen Ressourcen und sichert die Qualität der Information. Denn diese Informationen sind für eine konkrete Quotierung und Preisentscheidung im Function Space Revenue Management nur dann relevant, wenn sie täglich, detailliert und aufgeschlüsselt zur Verfügung stehen.

Die Nachfrage von kleineren Veranstaltungsgrößen geht mit einer Möglichkeit der Onlinebuchbarkeit der Veranstaltungsflächen in Echtzeit einher. Der Planer erwartet eine umgehende Information zu Preis und Verfügbarkeit für ein mehr oder weniger standardisiertes Veranstaltungsformat. In diesem Zusammenhang ist eine Analyse der Nachfrage nach Lead Source (vgl. Kapitel 2.2.6) ein wesentlicher Aspekt im Function Space Revenue Management. Die Vertriebs-, Transaktionskosten, Kommissionen und Kreditkartengebühren haben direkte Auswirkungen auf die Profitabilität der Veranstaltungsflächen.

Auf Grundlage von vergangenen, gegenwärtigen Daten und dem Buchungstempo erfolgt also eine Vorhersage der Zukunft. Was aber tun, wenn die über Jahre mühsam (in Excel) erfassten Daten und Zahlenreihen über Nachfrage- und Buchungsverhalten im Unternehmen ihre Relevanz für aktuelle Prognosen verlieren? Spätestens mit dem Ausbruch der COVID-19-Pandemie können sich Revenue Manager nicht mehr nur auf historische Daten und Zahlenreihen verlassen, um die Zukunft vorherzusagen. Hier helfen wissenschaftsbasierte Revenue-Management-Systeme. Sie passen sich von selbst den Änderungen des Nachfrageverhaltens an und können neueste Trends schneller erkennen und verarbeiten.

Gleichzeitig sollte eine Veranstaltungsstätte die Analysen nutzen, um die eigenen Arbeits- und Geschäftsprozesse zu verifizieren. Verbesserte und strukturierte RFP-Prozesse (Request for Proposal) haben in den vergangenen Jahren die Arbeit der Meeting Planner erleichtert. Dies hat zu einer Überflutung von Anfragen und einem erhöhten Arbeitsaufwand in Veranstaltungsstätten und Hotels geführt, da Meeting Planner die Anfrage ohne großen Aufwand parallel an mehrere Hotels und Veranstaltungsstätten senden.

Der Bearbeitung von Veranstaltungsanfragen erfolgt aktuell zum größten Teil manuell und ist u.a. aufgrund von technologischen Systembrüchen sehr arbeitsintensiv. Folglich verzögern sich die Angebotsabgaben, die wiederum zu einem hohen Anteil an verlorenen Buchungen führen. Im Beispiel der Tabelle 7 machen die verlorenen Buchungen 50 % der gesamten Nachfrage in einem Monat aus. Verlorene Anfragen sind nicht nur entgangenes Umsatzpotenzial, sondern wirken sich mit den dennoch entstandenen Verwaltungs- und Vertriebskosten auf die Rentabilität aus.

Insbesondere bei kleinen Veranstaltungen kann hier eine Automatisierung des Prozesses helfen, die Bearbeitungszeit von Veranstaltungsanfragen und Buchungen um mehr als 2/3 der Zeit und Kosten zu reduzieren (o.V., 2021a).

Ebenso helfen die Informationen über die Nachfrage nach den jeweiligen Veranstaltungsräumen oder der Teilnehmergröße, wenn eine Veranstaltungsstätte bauliche Veränderungen in Erwägung zieht.

4.4 Prognose der Nachfrage – Forecasting

Forecasting ist ein Instrument, das Unternehmen unterstützt, die künftige Geschäftsentwicklung zu antizipieren. Der Forecast quantifiziert die Unsicherheit der Zukunft. Vorhersagen und Planungen helfen Unternehmen, eine nichtgreifbare Unsicherheit in ein messbares Risiko zu verwandeln. In diesem Zusammenhang verfolgt ein Unternehmen mit der Erstellung eines Forecasts unterschiedliche Ziele und Aufgaben, so dass unterschiedliche Forecast-Typen Anwendung finden.

Aus operativer Sicht (*Operational Forecast*) dienen die Forecast-Daten der Disposition als wichtige Grundlage für die Planung von Einkauf und Produktion (z.B. Angaben zum Anteil der Gäste, die im Hotel frühstücken) sowie der Verwaltung von Hotelressourcen (z.B. Personaleinsatzplanung).

Aus finanzwirtschaftlicher Sicht (*Financial Forecast*) ist der Forecast ein Planungs- und Steuerungsinstrument in einem dynamischen und volatilen Umfeld eines Hotels oder einer Veranstaltungsstätte. In der Regel erstellt ein Hotel einmal im Jahr ein Budget für das kommende Geschäftsjahr. Aufgrund der Marktdynamik wird zusätzlich ein rollierender Forecast, eine Hochrechnung, erstellt, die dem Hotel frühzeitig Abweichungen und Veränderungen zur ursprünglichen Planung aufzeigt. Dieser Forecast bietet dem Hotelmanagement, Eigentümern, Banken und Investoren eine Prognose zu Umsätzen und Rentabilität. Im Sinne eines Total-Revenue-Management-Ansatzes sind die betriebswirtschaftlichen Kennzahlen um die Kennzahlen des Veranstaltungsmanagements und der weiteren Umsatzbereiche des Hotels zu erweitern. Aktuell werden für den Veranstaltungsbereich oftmals nur Umsatzkennzahlen (unterteilt nach Food, Beverage, Raummiete und Technik) und sogenannte Cover-Zahlen prognostiziert. Hierbei unterscheidet sich die Definition des Covers von Unternehmen zu Unternehmen. Ferner erfolgt die Prognose der Cover-Zahlen derzeit häufig eher im Sinne eines kostenorientierten Ansatzes.

Die Erstellung des Budgets und des rollierenden Forecasts basieren in der Regel auf Kalkulationen in Excel. Sie sind somit fehleranfällig und arbeitsintensiv. Ferner bündelt dieser Prozess Ressourcen, da die Daten regelmäßig gesammelt, aufbereitet und aktualisiert werden müssen.

Im Markt existieren bereits automatisierte Finanzplanung- und Reporting-Softwarelösungen, die die IST-Daten aus dem Buchhaltungssystem und die Vorbuchungsstände aus dem PMS automatisch kombinieren und einen Überblick über die Geschäftsentwicklung liefern.

Für alle Bereiche und Einnahmequellen, die über den Beherbergungsbereich hinausgehen, basiert der Financial Forecast nach wie vor auf der Historie, den zukünftigen definitiven Buchungen (On-the-books), Erfahrungen, Bauchgefühl und summierten Umsätzen. Umso mehr ist eine wissenschaftliche und detaillierte Vorhersage je Profitcenter erforderlich, um die Rentabilität der komplexen Bereiche und Einnahmequellen wie F&B (Food & Beverage = Speisen und Getränke) und MICE zu maximieren. Für eine Optimierung des Profits sind die einzelnen Abteilungen Rooms, F&B und Finance zusammenzubringen, da Änderungen im Beherbergungs-Forecast in der Regel Auswirkungen auf die Prognosen der anderen Einnahmequellen haben. Die folgenden Abbildungen (→ Abb. 23/24) zeigen systemgenerierte Prognosen für alle F&B-Outlets sowie für den MICE-Bereich. Der F&B-Forecast ist verbunden mit dem Zimmer- und Gäste-Forecast und wird somit dynamisch aktualisiert.

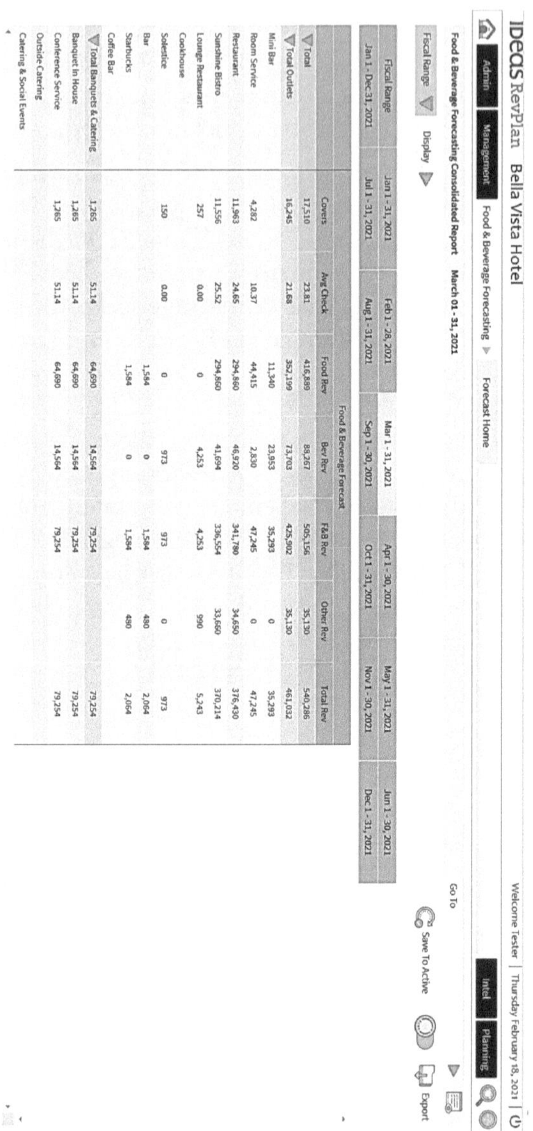

Fiscal Range	Jan 1 - 31, 2021	Feb 1 - 28, 2021	Mar 1 - 31, 2021	Apr 1 - 30, 2021	May 1 - 31, 2021	Jun 1 - 30, 2021
Jan 1 - Dec 31, 2021	Jul 1 - 31, 2021	Aug 1 - 31, 2021	Sep 1 - 30, 2021	Oct 1 - 31, 2021	Nov 1 - 30, 2021	Dec 1 - 31, 2021

	Food & Beverage Forecast						
	Covers	Avg Check	Food Rev	Bev Rev	F&B Rev	Other Rev	Total Rev
Total	17,510	23.81	416,889	88,267	505,156	35,130	540,286
Total Outlets	16,245	21.68	352,199	73,703	425,902	35,130	461,032
Mini Bar			11,340	23,953	35,293	0	35,293
Room Service	4,282	10.37	44,415	2,830	47,245	0	47,245
Restaurant	11,963	24.65	294,860	46,920	341,780	34,650	376,430
Sunshine Bistro	11,556	25.52	294,860	41,694	336,554	33,660	370,214
Lounge Restaurant	257	0.00	0	4,253	4,253	990	5,243
Cookhouse							
Solestice	150	0.00	0	973	973	0	973
Bar			1,584	0	1,584	480	2,064
Starbucks			1,584	0	1,584	480	2,064
Coffee Bar							
Total Banquets & Catering	1,265	51.14	64,690	14,564	79,254		79,254
Banquet In House	1,265	51.14	64,690	14,564	79,254		79,254
Conference Service	1,265	51.14	64,690	14,564	79,254		79,254
Outside Catering							
Catering & Social Events							

Abb. 23: F&B Forecasting Consolidated Report,
Quelle: IDeaS SmartSpace (2021) – Copyright © 2021 Integrated Decisions & Systems, Inc., Bloomington, MN, USA, All Rights Reserved. Used with permission.

Analog zum Beherbergungs-Forecast sind auch für die anderen Einnahmequellen tägliche Prognosen notwendig, die über eine summierte Prognose der F&B-Umsätze hinausgeht.

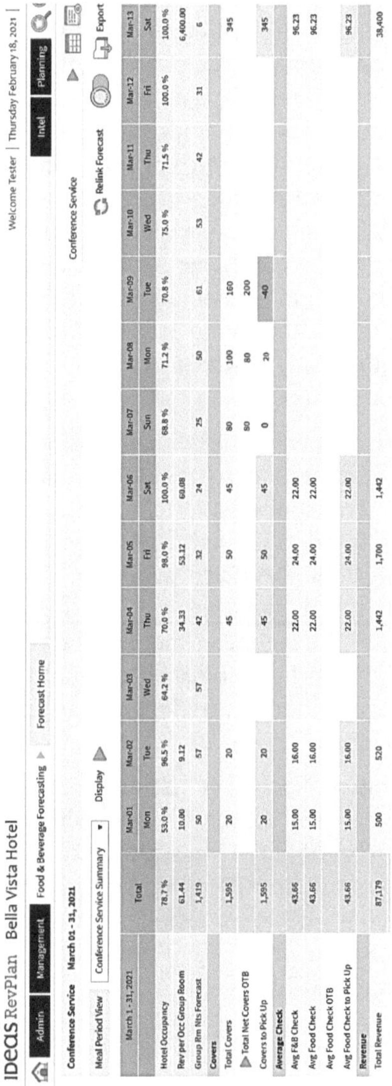

IDeaS RevPlan Bella Vista Hotel

Welcome Tester | Thursday February 18, 2021 |

Admin | Management | Food & Beverage Forecasting ▶ Forecast Home | Intel | Planning

Conference Service March 01 - 31, 2021 Conference Service

Meal Period View: Conference Service Summary ▾ Display ▶ Relink Forecast Export

March 1 - 31, 2021	Total	Mar-01	Mar-02	Mar-03	Mar-04	Mar-05	Mar-06	Mar-07	Mar-08	Mar-09	Mar-10	Mar-11	Mar-12	Mar-13
		Mon	Tue	Wed	Thu	Fri	Sat	Sun	Mon	Tue	Wed	Thu	Fri	Sat
Hotel Occupancy	78.7 %	53.0 %	96.5 %	64.2 %	70.0 %	98.0 %	100.0 %	68.8 %	71.2 %	70.8 %	75.0 %	71.5 %	100.0 %	100.0 %
Rev per Occ Group Room	61.44	10.00	9.12		34.33	53.12	60.08							6,400.00
Group Rm Nts Forecast	1,419	50	57	57	42	32	24	25	50	61	53	42	31	6
Covers														
Total Covers	1,595	20	20		45	50	45	80	100	160				345
▶ Total Net Covers OTB								80	80	200				
Covers to Pick Up	1,595	20	20		45	50	45	0	20	-40				345
Average Check														
Avg F&B Check	43.66	15.00	16.00		22.00	24.00	22.00							96.23
Avg Food Check	43.66	15.00	16.00		22.00	24.00	22.00							96.23
Avg Food Check OTB														
Avg Food Check to Pick Up	43.66	15.00	16.00		22.00	24.00	22.00							96.23
Revenue														
Total Revenue	87,179	500	520		1,442	1,700	1,442							38,400

Abb. 24: Banquet & Catering Forecast.
Quelle: IDeaS SmartSpace (2021) –

Für den Kernprozess des Revenue Managements und als Entscheidungsgrundlage für eine Optimierung des Umsatzes bzw. Profits sind weitergehende Kennzahlen (vgl. Kapitel 4.6.2) für den MICE-Bereich notwendig.

Im Gegensatz zu den genannten Forecast-Typen ist der **Demand-Forecast** das Herzstück im Revenue Management und die Grundlage für alle Entscheidungen. Die bestmögliche Preis- und Kapazitätsentscheidung kann erst getroffen werden, wenn eine genaue Prognose für jeden einzelnen Tag sowie für jedes Segment in der Zukunft vorliegt. Der Demand-Forecast berücksichtigt die uneingeschränkte Nachfrage (Unconstrained Demand), d.h. die tatsächliche Nachfrage nach einem Produkt ohne Einschränkungen, und ist somit eine wesentliche Anforderung für die Nachfrageermittlung. Nur wenn ein Hotel oder eine Veranstaltungsstätte weiß, wie viel uneingeschränkte Nachfrage pro Tag und Segment existiert, kann das richtige Geschäft ausgesucht werden, um den Umsatz zu maximieren bzw. den Profit zu optimieren.

Die folgenden Tabellen verdeutlichen den Unterschied von eingeschränkter, beobachteter Nachfrage und uneingeschränkter Nachfrage. Das vereinfachte Beispiel zeigt eine Veranstaltungsstätte mit sechs Veranstaltungsräumen. In → Tab. 9 wird nur die eingeschränkte Nachfrage, also die definitiven Buchungen, dargestellt. Demnach waren die Veranstaltungsräume an vier Tagen im Monat zu 100 % belegt. Unter der Annahme, dass ein gleiches Muster der Nachfrage über mehrere Jahre für diese Wochentage zu erkennen ist, wird die Veranstaltungsstätte für diese 4 Tage differenzierte (Preis-)Entscheidungen treffen, um die „richtigen“ (wertigeren) Anfragen auszuwählen.

Mit der Kenntnis der uneingeschränkten Nachfrage hat die Veranstaltungsstätte eine größere Sicherheit bei den Entscheidungen über Annahme/Ablehnung einer Anfrage und bei höheren Preisen für Raummieten oder Tagungspakete. → Tab. 10 zeigt alle Anfragen, die die Veranstaltungsstätte an den einzelnen Tagen im Monat erhalten hat. Nachweislich hatte die Veranstaltungsstätte an mehreren Tagen eine hohe Nachfrage, die sich aber nicht materialisiert hat.

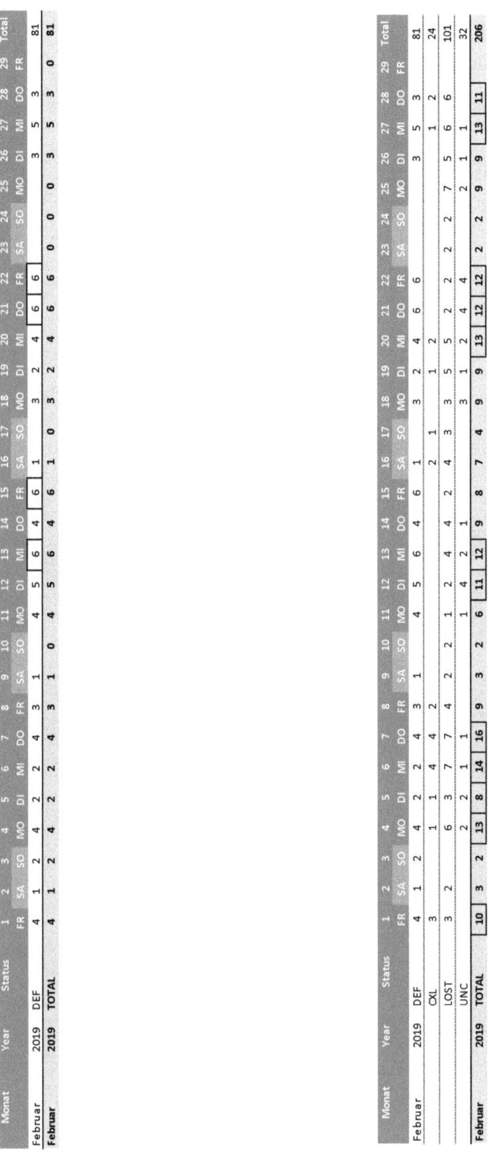

Monat	Year	Status	1 FR	2 SA	3 SO	4 MO	5 DI	6 MI	7 DO	8 FR	9 SA	10 SO	11 MO	12 DI	13 MI	14 DO	15 FR	16 SA	17 SO	18 MO	19 DI	20 MI	21 DO	22 FR	23 SA	24 SO	25 MO	26 DI	27 MI	28 DO	29 FR	Total
Februar	2019	DEF	4	1	2	4	2	2	4	3	1		4	5	6	4	6	1		3	2	4	6	6				3	5	3		81
Februar	**2019**	**TOTAL**	**4**	**1**	**2**	**4**	**2**	**2**	**4**	**3**	**1**	**0**	**4**	**5**	**6**	**4**	**6**	**1**	**0**	**3**	**2**	**4**	**6**	**6**	**0**	**0**	**0**	**3**	**5**	**3**	**0**	**81**

Tab. 9: Eingeschränkte Nachfrage
Quelle: eigene Darstellung

Monat	Year	Status	1 FR	2 SA	3 SO	4 MO	5 DI	6 MI	7 DO	8 FR	9 SA	10 SO	11 MO	12 DI	13 MI	14 DO	15 FR	16 SA	17 SO	18 MO	19 DI	20 MI	21 DO	22 FR	23 SA	24 SO	25 MO	26 DI	27 MI	28 DO	29 FR	Total
Februar	2019	DEF	4	1	2	4	2	2	4	3	1		4	5	6	4	6	1		3	2	4	6	6				3	5	3		81
		CXL	3			1	1	4	4	2								2	1		1	2							1	2		24
		LOST	3	2		6	3	7	7	4	2	2	1	2	4	4	2	4	3	3	5	5	2	2	2	2	7	5	6	6		101
		UNC				2	2	1	1				1	4	2	1				3	1	2	4	4			2	1	1			32
Februar	**2019**	**TOTAL**	**10**	**3**	**2**	**13**	**8**	**14**	**16**	**9**	**3**	**2**	**6**	**11**	**12**	**9**	**8**	**7**	**4**	**9**	**9**	**13**	**12**	**12**	**2**	**2**	**9**	**9**	**13**	**11**		**206**

Tab. 10: Uneingeschränkte Nachfrage
Quelle: eigene Darstellung

In der Regel ist die Nachfrage durch die verfügbare Kapazität der Veranstaltungsräume/Hotelzimmer, dem Pricing und/oder weiteren Entscheidungen (z.B. lange Optionsfristen) der Veranstaltungsstätte eingeschränkt.

Für eine Prognose der Nachfrage ist es erforderlich, alle Anfragen – auch die abgelehnten – zu erfassen. Basierend auf dieser uneingeschränkten Nachfrage und anderen Komponenten (→ Abb. 25) prognostiziert die Veranstaltungsstätte die Nachfrage für Tage in der Zukunft.

Abb. 25: Komponenten des Nachfrage-Forecast
Quelle: eigene Darstellung

Aber wie viele Anfragen pro Tag benötigt die Veranstaltungsstätte, um täglich alle Veranstaltungsräume zu füllen? Diese Zahl hängt u.a. von der Conversion Rate ab, d.h. bei einer Conversion Rate von 20 % benötigt die Veranstaltungsstätte also mindestens das Fünffache an Anfragen. Um allerdings die „richtigen" Anfragen in Bezug auf Preis und Mix (Veranstaltung mit/ohne Hotelzimmer) herauszufiltern, wird ein Vielfaches mehr an Anfragen benötigt.

Für die Berechnung der Nachfrage ist ein messbares Kriterium zu bestimmen, um einzelne Nachfrage-Level voneinander abzugrenzen. Wann ist ein Tag ein HIGH-, MEDIUM- und LOW-Demand-Tag? Langjährige und erfahrene Group-Convention-Sales-Mitarbeiter kennen in der Regel die Perioden mit hoher Nachfrage in ihrer Veranstaltungsstätte. Aber sind Tage mit einer großen Veranstaltung in allen Räumen wirklich HIGH-Demand-Tage? Und sind Messeperioden zwangsläufig LOW-Demand-Tage für die Veranstaltungsflächen?

Für eine Veranstaltungsstätte mit sechs Veranstaltungsräumen und einer Conversion Rate von 20 % bedeutet es, dass sie mindestens 4-mal mehr Anfragen pro Tag benötigt, um potenziell alle Veranstaltungsräume zu füllen und von einem HIGH-Demand-Tag zu sprechen. Das Ziel ist es, die wenigen Tage mit einem HIGH-Demand zu identifizieren, um an diesen Tagen den Umsatz bzw. den Profit zu optimieren. Ferner kann es sinnvoll sein, besonders „notleidende" Tage mit einem zusätzlichen Nachfrage-Level (DISTRESSED) zu bestimmen.

Im Hotel muss der Revenue Manager den Demand-Forecast für den Beherbergungsbereich mit dem Demand-Forecast der Veranstaltungsflächen in Einklang bringen.

4.5 Strategie

4.5.1 Produktdifferenzierung

Mit der Strategie definiert eine Veranstaltungsstätte die grundsätzliche und langfristige Verhaltensweise der Unternehmung und der relevanten Teilbereiche gegenüber ihrer Umwelt zur Verwirklichung und Erreichung der langfristigen Ziele. (Müller-Stewens/Gillenkirch, 2021)

In diesem Zusammenhang ist es wichtig, dass die Mitarbeiter des Veranstaltungsverkaufs die einzelnen Mitbewerber im MICE und deren Produkt in Bezug auf das eigene Produkt genaustens kennen. Hierzu gehört auch die Kenntnis über die Preisgestaltung der Mitbewerber in Bezug auf die Qualität des Produkts.

Das Entwicklungsteam eines Automobilherstellers hat die Produkte der Konkurrenz zigmal Probe gefahren und in Einzelteile zerlegt. Es kennt im Detail jede Schraube, die Funktionen sowie die Vor- und Nachteile der Produkte der Wettbewerber. Nun lassen sich Hotelprodukte und -dienstleistungen nicht auf einer Hebebühne untersuchen, dennoch zeigen eigene Audits in Hotels oder Veranstaltungsstätten, dass das Gros der Mitarbeiter des Veranstaltungsverkaufs die Wettbewerber und deren Angebot selten persönlich kennt.

Der Mitbewerberset im MICE unterscheidet sich größtenteils vom generellen Mitbewerberset des Hotels, der im Rahmen von Marktvergleichen und Benchmark herangezogen wird. Je nach Größe und Art des Hotels ist es sogar sinnvoll, unterschiedliche Mitbewerbersets im MICE zu definieren. So steht ein großes Tagungshotel mit einem großen Veranstaltungsraum für (internationale) Kongresse oder größere Tagungen im Wettbewerb mit Hotels in anderen Städten, während es für kleine und mittlere Teilnehmergrößen im Wettbewerb mit Hotels und anderen Anbietern von Veranstaltungsflächen (z.B. Hochschulen, Design Offices) vor Ort steht.

Die Aufgabe der Produktanalyse ist es, die Stärken und Schwächen der Veranstaltungsstätte aufzuzeigen. Der Veranstaltungsteilnehmer ist Kunde des Veranstalters und gleichzeitig Kunde der Veranstaltungsstätte. Die Analyse muss daher entlang der Berührungspunkte der Attendee Journey (auch Delegate Journey genannt) in der Veranstaltungsstätte erfolgen. Mit der Delegate Journey wird die Perspektive der Teilnehmer einer Veranstaltung eingenommen. (Schultze, 2017) Die Analyse dieser Touchpoints muss mehrdimensional erfolgen und die teils abweichenden Perspektiven und Anforderungen des Veranstaltungsplaners innerhalb der Journey ebenfalls berücksichtigen.

Pre-Event/Pre-Stay		Stay/Event				Post-Stay/Post-Event	
Inspiration, Enquire, Information, Booking	**Preparation**	**Arrival**	**Event**	**(Coffee-)Break**	**Departure**	**Reflection**	**Invoicing**
Kundennutzen auf Website Response Time übersichtliche Angebote Stornierungs-bedingungen Optionsfrist einfache Buchbarkeit	Lage Erreichbarkeit Parkplätze Zusatzangebote	Begrüßung Präsenz der Mitarbeiter Orientierung	Ausstattung Atmosphäre/ Klima Technik Funktionalität Service/Qualität WLAN-Zugang Steckdosen	Entfernung zum VA-Raum zeitliche Absprachen Verfügbarkeits-dauer Angebot Speisen und Getränke Sonderwünsche, Allergene	Verabschiedung Präsenz der Mitarbeiter Orientierung schnelle Abreise	Terminplanung TN Managament Ansprechpartner Beschwerde-managenent	übersichtliche Rechnung Kulanz sachliche Richtigkeit

Abb. 26: Delegate Journey in Veranstaltungsstätte/Hotel
Quelle :eigene Darstellung

→ Abb. 26 zeigt die Touchpoints während der Delegate Journey in der Veranstaltungsstätte und wesentliche Komponenten aus Sicht der Planer und Teilnehmer. Diese sollte die Veranstaltungsstätte im Rahmen der Produktdifferenzierung untersuchen und beantworten:

- **Pre-Event:** Ist ein Kundennutzen auf der Website deutlich erkennbar? Besteht eine einfache Onlinebuchbarkeit? Welche Buchungsbedingungen gelten für Zimmer/Veranstaltungsräume? Wie ist die Antwortzeit bei Anfragen? Wie gut ist das Hotel zu finden und zu erreichen? Wie sind die Parkmöglichkeiten?
- **Ankunft:** Wie erfolgt die Begrüßung? Wie ist der erste Eindruck? Sind Mitarbeiter präsent? Können sich Teilnehmer leicht orientieren?
- **Veranstaltung:**
  - **Ausstattung der öffentlichen Bereiche und Veranstaltungsräume:** Sind die Veranstaltungsräume gut belüftet oder klimatisiert? Verfügen die Veranstaltungsräume über Tageslicht? Sind die Stühle bequem?
  - **Technische Ausstattung:** Funktioniert die Technik? Entspricht die Technik der Größe des Tagungsraums? Besteht ein einfacher Zugang zum WLAN? Sind ausreichend Steckdosen an den Teilnehmerplätzen verfügbar?
  - **Qualität des Service:** Reaktionsfähigkeit, Servicekonsistenz, Aufgeschlossenheit und Freundlichkeit der Mitarbeiter
- **Pausen:** Was wird zu den (Kaffee-)Pausen angeboten? Wie ist die Speisenvielfalt? Werden die zeitlichen Absprachen eingehalten? Wie lange steht das Pausenangebot zur Verfügung?
- **Abreise:** Ist die Veranstaltungsstätte gut und schnell zu verlassen (Ausfahrt Parkgarage, Parkticketautomaten)? Stehen ausreichend Taxis zur Verfügung?
- **Post-Event:** Welche Ansprechpartner stehen nach der Veranstaltung zur Verfügung? Wie wird mit möglichen Beschwerden umgegangen? Transparenz und Übersichtlichkeit der Rechnung?

Die Bewertung erfolgt anhand der definierten Kriterien für das eigene Angebot/Serviceleistungen und für das der Mittbewerber. Im zweiten

Schritt werden die Preise von z.B. Tagungspaketen an verschiedenen Tagen untersucht.

Das Preis-Wert-Diagramm in → Abb. 27 vergleicht die Preisgestaltung des Veranstaltungsangebot (z.B. Tagungspakete) und den Wert des MICE-Angebots mit denen der Mitbewerber. Das Diagramm zeigt, welche Wettbewerber eine große oder geringe Bedrohung für ihren Marktanteil darstellen. In diesem Beispiel stellt Hotel C im unteren rechten Quadrat eine Bedrohung für das eigene Hotel dar. Es bietet einen höheren Wert und einen niedrigeren Preis.

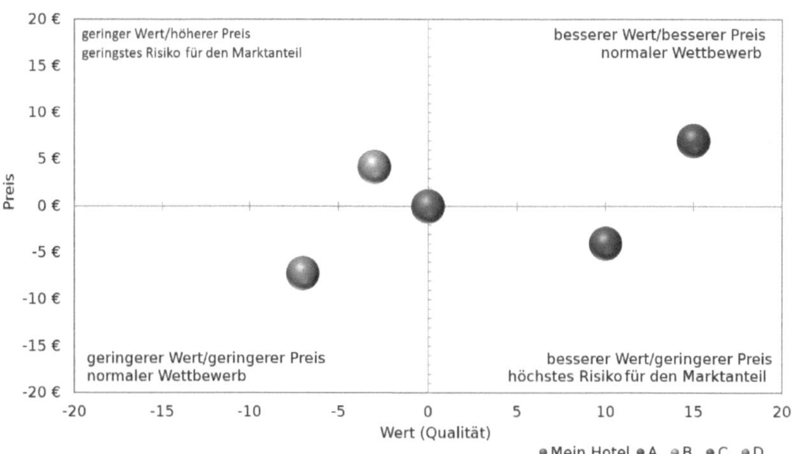

Abb. 27: Price-Value-Matrix
Quelle: eigene Darstellung

Neben einem klaren MICE-Konzept ist eine genaue Produktkenntnis eine Schlüsselkomponente der Strategie. Sie hilft dem Hotel, das eigene Produkt weiter zu differenzieren und einen Mehrwert für den Kunden zu schaffen, also das eigene Produkt und die Dienstleistung attraktiver als andere zu machen und den höheren Preis zu rechtfertigen.

4.5.2 Preisgestaltung

In vielen Teilen der Welt ist es üblich, Konferenz- und Tagungspakete als eine Alternative zu kundenspezifischen und positionsgenauen Kostenaufstellungen anzubieten. Alle Elemente wie Veranstaltungsräume, Verpflegung und audiovisuelle Medien werden zu einem pauschalen Tagessatz pro Teilnehmer (Tagungspakete) kombiniert. Für den Veranstaltungsplaner wird so die Verwaltung einfacher und die Vorhersage der mit der Veranstaltungsstätte verbundenen Kosten besser kalkulierbar. Diese Methode kann für die Veranstaltungsstätte negative wirtschaftliche Auswirkungen haben, wenn es zu einer Differenz der ursprünglich avisierten, für die Kalkulation herangezogenen Teilnehmerzahl und den tatsächlichen Teilnehmern an der Veranstaltung kommt. Gestaffelte Angebotskonditionen helfen zum Teil dieses Risiko zu minimieren.

In der Praxis finden sich nach wie vor statische Tagungspakete, die unter kreativen Bezeichnungen doch größtenteils vergleichbare und seit Jahren unveränderte Inhalte einschließen. Lediglich der gute alte Overheadprojektor hat ausgedient und wurde durch einen Beamer ersetzt. Hinzu kommen Varianten von Pauschalen, die sich in der Menge (z.B. zwei Softgetränke pro Person oder unlimitierte Getränke), der Qualität (z.B. abgepackte Spekulatiuskekse oder hausgemachte Petit Fours) und Dauer (Halbtages- oder Ganztagespauschale) unterscheiden und somit für eine Preisdifferenzierung sorgen. Kleinere co-kreative, partizipierende Veranstaltungsformate haben andere Anforderungen an die Tagungstechnik und Pausenzeiten als große Veranstaltungen. Anstatt Beamer und Leinwand sind hier digitale Tools erforderlich, die die interaktive Zusammenarbeit und die Einbindung von externen Teilnehmern oder Gruppen ermöglichen. Feste Zeiten für Kaffeepausen und Mittagessen stören oftmals die Kreativität und die Zielsetzung der Veranstaltung. Der Transfer von Wissen, die Kommunikation und das Networking stehen im Mittelpunkt der Zielsetzung jeder Veranstaltung. Die Veranstaltungsstätte bietet den entsprechenden Rahmen, der die Zielsetzung der Veranstaltung unterstreicht. (Maugé, 2012, S. 288) Daher muss sich eine Veranstaltungsstätte die Frage stellen, ob die Tagungspakete und ihre Inhalte im Hinblick auf neue Veranstaltungsformate, veränderte Anforderungen und neue Onlinedistributionskanäle noch zeitgemäß sind. Hinzu kommt die differenzierte umsatzsteuerliche Behandlung der Einzelleistungen eines Tagungspakets, die zwangsläufig zu einer Aufdeckung der Kalkulation und Transparenz von Tagungspaketen führt.

Auch wenn die Preise für Veranstaltungsräume und Tagungspakete letztlich durch den Markt bestimmt werden, muss ein Hotel seine Preisuntergrenze für die Veranstaltungsprodukte und -dienstleistungen kennen. Die Preisuntergrenze entspricht dem niedrigsten Preis, zu dem das Produkt oder die Dienstleistung noch angeboten werden kann, um langfristig alle Kosten und kurzfristig die Fixkosten zu decken. Daher ist die kostenorientierte Bestimmung des Preises eine grundlegende Aufgabe im Revenue Management.

Ebenso spielen die Ermittlung der Nachfrage und der Preissensibilität sowie die Konkurrenzpreise eine entscheidende Rolle für die Preisbestimmung. Die Transparenz und das Angebot von Preisvergleichstechnologien im Internet machen konkurrierende Produkte, aber auch Dienstleistungen, in den Augen der Kunden zu austauschbaren Gütern und haben die Preissensibilität der Kunden erhöht. (Kotler/Bliemel, 2001, S. 825) Im Rahmen der Nachfrageermittlung sollte eine Veranstaltungsstätte die Einflussfaktoren auf die Preissensibilität kennen und verstehen, denn durch Effekte wie das Alleinstellungsmerkmal der Produkte und Dienstleistungen sowie Preis-Qualität-Effekte reagieren Kunden weniger preisempfindlich. (Kotler/Bliemel, 2001, S. 825)

Die Preisgestaltung im MICE umfasst eine Kombination von unterschiedlichen Einnahmequellen wie Raummiete, Food, Beverage, interne/externe (Konferenz-)Technik und weiteren Mieten/Gebühren für zusätzliche Ausstattungen. Nicht jede Einnahmequelle hat den gleichen Wert, daher sind die Kosten und die Profit Margin (Gewinnspanne) pro Einnahmequelle und Event Type zu berücksichtigen. (McGuire/Wood, 2016, S.242) So ist bei einzelnen Veranstaltungsformaten die Profit Margin durch intensivere Personalkosten oder einen höheren Aufwand für den Auf- und Abbau des Veranstaltungsraums negativ beeinflusst.

Obwohl die Raummiete in der Regel die größte Profit Margin hat, macht sie nur einen kleineren Teil innerhalb eines Tagungspakets aus. Denn oftmals zwingen die vorgegebenen Wareneinsätze im F&B zu einer Reduzierung der Raummiete, um einen wettbewerbsfähigen Verkaufspreis zu erreichen. Das Beispiel in → Tab. 11 zeigt die Auswirkungen der unterschiedlichen Gewinnspannen. Bei einer ganztätigen Veranstaltung mit 15 Teilnehmern beträgt der Umsatz 825,00 EUR und der Gewinn 283,50 EUR. Der Umsatz und Gewinn für den Raum inkl. Standardtechnik machen hierbei 150,00 EUR bzw. 113,40 EUR aus. Hingegen ist der Nettoerlös bei einer reinen Vermietung des entsprechenden Veranstaltungsraum ohne F&B- Leistungen 378,15 EUR basierend auf einer Raummiete von 500,00 EUR brutto.

Tab. 11: Kalkulation/Splitting eines Tagungspakets ganztags
Quelle: eigene Darstellung

Kalkulation Standard-Tagungspauschale			
	Verkaufspreis*	**Profit Margin %**	**Gewinn**
Raummiete	8,00 €	90 %	6,05 €
Standardtechnik	2,00 €	90 %	1,51 €
Tagungsgetränke	6,50 €	30 %	11,34 €
Kaffeepause	8,00 €		
Mittagessen	22,50 €		
Kaffeepause	8,00 €		
Summe	**55,00 €**		**18,90 €**
* Die Mehrwertsteuer bleibt der Einfachheit halber unberücksichtigt.			

Wie bereits erwähnt, haben sich die Anforderungen durch neue Veranstaltungsformate, aber auch durch den Strukturwandel in der Arbeitswelt und die Bedürfnisse der Veranstaltungsplaner und -teilnehmer verändert. Die Anfragen nach größeren Veranstaltungsräumen und mehr Platz pro Teilnehmer konnten Veranstaltungsstätten bereits vor der Pandemie beobachten. Die Corona-Auflagen bedingen höhere Anforderungen und eine größere Funktionalität (z.B. hybride Konzepte) an die Veranstaltungsräume. Es bedeutet für die Veranstaltungsstätte auch weniger Teilnehmer pro Veranstaltungsraum/Tag und somit weniger Umsatz pro m² bei gleichen bzw. höheren Kosten durch die Umsetzung von Hygienekonzepten und der Raumbereitstellung.

In diesem Zusammenhang erhält die Raummiete eine größere Bedeutung in der Preisgestaltung. Hinzu kommt, dass die Raummiete die einzige Komponente des Tagungspakets ist, die innerhalb einer dynamischen und transparenten Preisgestaltung entsprechend der Nachfrage pro Tag angepasst werden kann. Im Sinne eines Total-Revenue-Management-Ansatzes und einer Fokussierung auf die Rentabilität ist eine Trennung der Raummiete inkl. Standardtechnik von der Verpflegung innerhalb der Preisgestaltung zu empfehlen.

Tab. 12: Dynamische Preisgestaltung pro Nachfrage-Level | Quelle: eigene Darstellung

	Nachfrage in Euro							
Veranstaltungsraum 60 m²	High	*Profit*	Medium	*Profit*	Low	*Profit*	Distressed	*Profit*
Raummiete inkl. Standardtechnik *(Beamer, Leinwand, Flipchart, WiFi)*	600,00	*540,00*	500,00	*450,00*	400,00	*360,00*	300,00	*270,00*
Verpflegungspauschale Basis pro Person (Wasser und Saft unlimitiert im Tagungsraum, Kaffeepausen, Mittagessen (Büffet/ 3-Gang n. Wahl des Küchenchefs)	*45,00*		*45,00*		*45,00*		*45,00*	
Verpflegungspauschale gesamt (15 Teilnehmer)	675,00	*202,50*	675,00	*202,50*	675,00	*202,50*	675,00	*202,50*
Gesamtumsatz	1.275,00	*742,50*	1.175,00	*652,50*	1.075,00	*562,50*	975,00	*472,50*
Tagungspaket pro Teilnehmer	85,00	*49,50*	78,33	*43,50*	71,67	*37,50*	65,00	*31,50*
Profit Margin	*58,24 %*		*55,53 %*		*52,33 %*		*48,46 %*	

Unternehmen und Veranstaltungsplaner schätzen zwar Standardpauschalen für ihre Kostenkalkulation. Dennoch wird das Gros der standardisierten Pauschalen nachverhandelt und individuell, entsprechend des Veranstaltungsformats und der Bedürfnisse angepasst (o.V., 2020d). Modulare Komponenten, neben der Raummiete, ermöglichen den Kunden eine individuelle Gestaltung und eine Preistransparenz. Die Veranstaltungsstätte reduziert das Risiko, das Umsatzpotenzial des entsprechenden Veranstaltungsraums durch geringere Teilnehmergrößen nicht abzuschöpfen.

→ Tab. 12 zeigt die Kalkulation eines dynamischen Preises pro Tagungspaket/Teilnehmer und den Profit basierend auf 15 Teilnehmern in einem Veranstaltungsraum (60 m^2). Die Kalkulation beinhaltet ein Profit Margin von 90 % für die Raummiete und 30 % für die Verpflegungspauschale.

Neben der Festlegung von Preisen für die Veranstaltungskapazitäten und Tagungspakete sind die konditionsbezogenen Strategien festzulegen. Insbesondere die Buchungskonditionen wie Stornierungs- und Zahlungsbedingungen spielen hier eine elementare Rolle.

Die zunehmende Trennung von Zimmern und Veranstaltungskapazitäten in der Veranstaltungsplanung zwingen das Hotel, die Preis- und Konditionspolitik für den MICE-Bereich zu diversifizieren. Spätestens mit dem Beginn der COVID-19-Pandemie und den damit einhergehenden Absagen und entstandenen Stornierungskosten sind Kunden und Veranstaltungsplaner immer weniger bereit, lange Stornierungsfristen und Depositzahlungen zu akzeptieren. In einer Umfrage des VDVO e.V. im Mai 2020 haben bereits 20,2 % eine Anpassung zukünftiger Allgemeiner Geschäftsbedingungen (z.B. Stornierungsbedingungen oder die Möglichkeit zur flexiblen Verlegung der Veranstaltung) als die größte Herausforderung im Veranstaltungsmanagement genannt. (o.V., 2020a)

In der RA Reiseanalyse Business bestätigten mehr als 50 % der Befragten vor dem Hintergrund der Pandemie in der Zukunft bei der Planung von Geschäftsreisen besonders auf Stornierungsbedingungen zu achten. (RA Reiseanalyse Business, 2021)

Bereits vor der Pandemie war eine geringere Materialisierung von Abrufkontingenten zu erkennen und Klauseln über garantierte Abnahmen von Zimmern bei Gruppenbuchungen wurden selten akzeptiert.

Vor dem Hintergrund des zunehmenden Anteils von kleineren Veranstaltungen und den sich wandelnden Anforderungen der Veranstaltungsplaner sind Hotels gut beraten, kurzfristig Strategien zu entwickeln, die eine direkte (Online-)Buchbarkeit von kleineren Veranstaltungsformaten über die eigene Website ermöglichen. Diese sollten mit vergleichbaren Stornierungskonditionen bei Zimmerbuchungen der Veranstaltungsteilnehmer gegenüber Individualreisenden angeboten werden, um diesen Umsatz nicht Drittanbietern und Online Travel Agencies (wie booking.com) in die Arme zu treiben.

4.5.3 Preisstrategie

Im Hotel ist dynamisches Preismanagement für den Verkauf von Hotelzimmern als Preisstrategie bereits etabliert. Die Preise werden zu beliebigen Zeitpunkten basierend auf der Nachfrage und Wettbewerbsdynamik angepasst, um den Gesamterlös zu maximieren.

Dynamisches Pricing betrachtet die Nachfrage als eine Folge des Preises, d.h. die Annahme, dass bei einem steigenden Preis die Nachfrage sinkt und bei einem sinkenden Preis die Nachfrage steigt. Allerdings wird dies unendlich komplexer, wenn man die Vielzahl von Marktsegmenten und Event Types im Hotel sowie die Marktbedingungen und -dynamik berücksichtigt. Ferner stehen Veranstaltungsstätten vor der Herausforderung, dynamische Preise und modulare Leistungen in den Sales&Catering- und Point-of-Sales-Systemen und Buchungsportalen flexibel und zeitnah abzubilden.

Dennoch ist es wichtig, dass die Veranstaltungsstätte eine dynamische Preisstrategie für unterschiedliche Nachfragezeiträume definiert. Die Definition der Preisstrategie berücksichtigt folgende Aspekte für jeden Nachfragelevel (High, Medium, Low und Distressed).

- Preis pro Veranstaltungsraum basierend auf dessen Beliebtheit und Nachfrage
- Mindestteilnehmerkapazität pro Veranstaltungsraum
- Mindestumsatz pro Veranstaltungsraum

In manchen Veranstaltungsstätten, abhängig vom Anteil und von der Art des Veranstaltungsgeschäfts, ist eine detaillierte Preisstrategie, die zusätzlich noch den jeweiligen Event Type (z.B. Hochzeit, Bankett) berücksichtigt, zu empfehlen.

Tab. 13: Preisstrategie pro Veranstaltungsraum nach Nachfrage-Level
Quelle: eigene Darstellung

	Veranstaltungs-raum	primärer Event Type (Meeting, Hochzeit etc.)	optimale Teil-nehmerkapazität	optimaler Verkaufspreis (Tagungspaket)	Minimum Verkaufspreis (Tagungspaket)	Minimum Teilnehmer	Mindestumsatz (Tagungspaket)	Minimum (nur) Raummiete	%
HIGH	Ballsaal (I+II+III)	Bankett	300	65,00 €	63,00 €	280	17.640,00 €	10.584,00 €	60%
	Ballsaal I	Meeting	130	65,00 €	63,00 €	120	7.560,00 €	4.536,00 €	60%
	Ballsaal II	Meeting	130	65,00 €	63,00 €	120	7.560,00 €	3.780,00 €	50%
	Ballsaal III	Meeting	70	65,00 €	63,00 €	65	4.095,00 €	2.047,50 €	50%
	Berlin	Meeting	63	67,00 €	66,00 €	60	3.960,00 €	2.772,00 €	70%
	München u.ä.	Meeting	45	65,00 €	64,00 €	40	2.560,00 €	1.792,00 €	70%
	Vienna u.ä.	Meeting	21	67,00 €	66,00 €	18	1.188,00 €	831,60 €	70%
MEDIUM	Ballsaal (I+II+III)	Bankett	300	60,00 €	57,00 €	250	14.250,00 €	8.550,00 €	60%
	Ballsaal I	Meeting	130	60,00 €	57,00 €	120	6.840,00 €	4.104,00 €	60%
	Ballsaal II	Meeting	130	60,00 €	57,00 €	120	6.840,00 €	3.420,00 €	50%
	Ballsaal III	Meeting	70	60,00 €	57,00 €	65	3.705,00 €	1.852,50 €	50%
	Berlin	Meeting	63	65,00 €	63,00 €	60	3.780,00 €	2.646,00 €	70%
	München u.ä.	Meeting	45	60,00 €	57,00 €	40	2.280,00 €	1.596,00 €	70%
	Vienna u.ä.	Meeting	21	65,00 €	60,00 €	18	1.080,00 €	756,00 €	70%

LOW	Ballsaal (I+II+III)	Bankett	300	55,00 €	53,00 €	200	10.600,00 €	6.360,00 €	60%
	Ballsaal I	Meeting	130	55,00 €	53,00 €	90	4.770,00 €	2.862,00 €	60%
	Ballsaal II	Meeting	130	55,00 €	53,00 €	90	4.770,00 €	2.385,00 €	50%
	Ballsaal III	Meeting	70	55,00 €	53,00 €	60	3.180,00 €	1.590,00 €	50%
	Berlin	Meeting	63	60,00 €	57,00 €	60	3.420,00 €	2.394,00 €	70%
	München u.ä.	Meeting	45	55,00 €	53,00 €	40	2.120,00 €	1.484,00 €	70%
	Vienna u.ä.	Meeting	21	60,00 €	57,00 €	18	1.026,00 €	718,20 €	70%
DISTRESSED	Ballsaal (I+II+III)	Bankett	300	53,00 €	50,00 €	200	10.000,00 €	6.000,00 €	60%
	Ballsaal I	Meeting	130	53,00 €	50,00 €	90	4.500,00 €	2.700,00 €	60%
	Ballsaal II	Meeting	130	53,00 €	50,00 €	90	4.500,00 €	2.250,00 €	50%
	Ballsaal III	Meeting	70	53,00 €	50,00 €	60	3.000,00 €	1.500,00 €	50%
	Berlin	Meeting	63	57,00 €	54,00 €	60	3.240,00 €	2.268,00 €	70%
	München u.ä.	Meeting	45	53,00 €	50,00 €	40	2.000,00 €	1.400,00 €	70%
	Vienna u.ä.	Meeting	21	57,00 €	54,00 €	18	972,00 €	680,40 €	70%

→ Tab. 13 zeigt ein vereinfachtes Beispiel der Preisstrategien mit oder ohne Tagungspaketen pro Veranstaltungsraum basierend auf der Nachfrage. In diesem Beispiel sind der Veranstaltungsraum „Berlin" und die kleineren Räume wie „Vienna" besonders beliebt und erhalten die höchste Nachfrage basierend auf den Ergebnissen der Analyse (vgl. Kapitel 654.3). Die Preisstrategie berücksichtigt die höhere Nachfrage für die entsprechenden Räume.

Im Rahmen der Festlegung der Preisstrategien ist es sinnvoll, ähnliche Tagungsräume mit ähnlicher Größe und Teilnehmerzahl zu bündeln. Es erleichtert die Steuerung der MICE-Online-Portale.

Im Anschluss ordnet der Revenue Manager die jeweilige Preisstrategie der Nachfrage pro Tag, wie für einen Monat im vereinfachten Beispiel der → Tab. 14 dargestellt, zu.

Tab. 14: Demand-Kalender (vereinfachtes Beispiel) | Quelle: eigene Darstellung

Datum		Special Event	Demand	Meeting Rooms	Foreacst	OTB
Mrz	WT		MICE	only	Zimmer	Zimmer
1.3	Mo		MED	Evaluate	75 %	68 %
2.3	Di		MED	Evaluate	91 %	80 %
3.3	Mi		MED	Evaluate	91 %	80 %
4.3	Do		MED	Evaluate	60 %	60 %
5.3	Fr		LOW	Open	40 %	35 %
6.3	Sa		DISTRESSED	Open	32 %	30 %
7.3	So		DISTRESSED	Open	25 %	22 %
8.3	Mo		LOW	Open	79 %	65 %
9.3	Di	MESSE	MED	Open	98 %	96 %
10.3	Mi	MESSE	MED	Open	98 %	97 %
11.3	Do	MESSE	MED	Open	87 %	80 %
12.3	Fr		LOW	Open	53 %	48 %
13.3	Sa		LOW	Open	41 %	34 %
14.3	So		LOW	Open	21 %	18 %
15.3	Mo		MED	Evaluate	77 %	53 %
16.3	Di		HIGH	Evaluate	100 %	92 %
17.3	Mi		HIGH	Evaluate	98 %	89 %
18.3	Do		HIGH	Closed	98 %	91 %
19.3	Fr		MED	Open	61 %	57 %
20.3	Sa		MED	Open	51 %	47 %
21.3	So		DISTRESSED	Open	23 %	15 %
22.3	Mo		LOW	Open	89 %	76 %
23.3	Di		HIGH	Close	100 %	123 %
24.3	Mi		HIGH	Close	100 %	110 %
25.3	Do	Ärztekongress	HIGH	Close	100 %	105 %
26.3	Fr	Ärztekongress	MED	Evaluate	98 %	102 %
27.3	Sa	Ärztekongress	LOW	Open	76 %	69 %
28.3	So		LOW	Open	42 %	37 %
29.3	Mo		LOW	Open	63 %	55 %
30.3	Di		LOW	Open	82 %	63 %
31.3	Mi		LOW	Open	78 %	57 %

Im Sinne eines Total-Revenue-Management-Ansatzes ist es für ein Hotel entscheidend, die Zeiten mit hoher Nachfrage zu identifizieren, an denen das Hotel Veranstaltungsräume für Gruppen mit Gästezimmern vorhalten sollte. Daher muss das Hotel bei der Definition der Strategie für die Veranstaltungsräume diese Information im Hinblick auf eine Optimierung des Gesamtumsatzes zwingend berücksichtigen (→ Tab. 14, Spalte „Meeting Rooms only“).

Die pro Tag gesetzte Preisstrategie erfordert eine kontinuierliche Überprüfung und Anpassung auf Basis der aktuellen Anfragen, On-the Books, Lead Time und der Nachfrage. Die konsequente Dokumentation jeder Veränderung hilft bei der Analyse und für zukünftige Prognosen.

High-Performance-Revenue-Management-Systeme, wie IDeaS G3, beziehen bereits Veranstaltungsräume in die Evaluierung der Gruppenanfrage mit ein. Das System unterstützt das Hotel somit bei den Entscheidungen über Annahme oder Ablehnung der Gruppenanfragen und zu welchem Zimmerpreis und/oder zu welcher Raummiete der jeweilige Veranstaltungsraum angeboten werden sollte. Basierend auf den Forecast und den Informationen der Gruppenanfrage berechnet das System den Gesamtumsatz und den Gewinnbeitrag der Gruppenanfrage als auch die Opportunitätskosten des verdrängten Geschäfts in den einzelnen Umsatzströmen.

4.6 Kennzahlen im Revenue Management

4.6.1 Allgemeine Kennzahlen im Hotel

Die letzte Phase des Revenue-Management-Kreislaufs ist die Kontrolle bzw. die Überwachung der Ergebnisse aus den strategischen (Preis-)Entscheidungen und der taktischen Steuerung der Kapazitäten. Diese Phase ist eng mit der Phase der Analyse im Revenue-Management-Zyklus verbunden.

Ohne eine umfassende Analyse der Ergebnisse ist es unmöglich, Korrekturmaßnahmen für die Zukunft festzulegen, die es einem Hotel ermöglichen, den Umsatz effektiv zu steigern und den Ertrag zu optimieren.

In diesem Zusammenhang dienen Key-Performance-Indikatoren (KPI) dem Revenue Management und anderen Unternehmensbereichen als Bewertungs- und Entscheidungsgrundlage sowie für interne und externe Betriebsvergleiche.

Die prozentuale Zimmerbelegung (% Occupancy), der durchschnittlicher Zimmerpreis (Average Room Rate = ARR oder Average Daily Rate) und Umsatz pro verfügbares Zimmer (RevPAR =Revenue Per Available Room) haben sich als Kennzahlen für den Beherbergungsbereich im Hotel etabliert. Der RevPAR ist typischerweise der Leistungsindikator, den die Hotels im Rahmen des Revenue Managements für den Logisbereich versuchen zu optimieren bzw. der zur Messung der Leistungsfähigkeit im Revenue Management herangezogen wird. Der RevPAR, ist eine objektivere Kennzahl. Entgegen der Kennzahl Average Daily Rate (ADR) werden beim RevPAR alle verfügbaren, also auch die leerstehenden, Zimmer eines Hotels für den jeweils betrachteten Zeitraum berücksichtigt.

$$\text{RevPAR} = \frac{\text{Nettozimmerumsatz}}{\text{verfügbare Gästezimmer (Hotelkapazität)}}$$

Der RevPAR berücksichtigt also die Größe eines Hotels, sodass ein Vergleich von Hotels mit unterschiedlicher Größe innerhalb einer Hotelkette oder die Hotel Performance gegenüber ähnlichen Hotels im Markt möglich ist.

Trotz der Bedeutung des RevPAR als eine etablierte Kennzahl bei Performance-Analysen, in Geschäftsberichten und in Jahresbudgets besteht die Gefahr, dass Entscheidungen nur auf den Beherbergungserlös fokussiert werden. Andere Umsätze (z. B. Veranstaltungsumsatz) und Betriebskosten, die sich direkt auf den Gewinn oder Verlust eines Hotels auswirken, bleiben unberücksichtigt.

In diesem Zusammenhang gewinnen die Kennzahlen TRevPAR (Total Revenue per Available Room) und GOPPAR (Gross Operating Profit = Bruttobetriebsergebnis pro verfügbares Zimmer) an Bedeutung. Diese Kennzahlen gehen über den Beherbergungsbereich hinaus.

Die Kennzahl TRevPAR berücksichtigt den Gesamtumsatz (Logisumsatz, Gastronomieumsatz, Garagenumsatz usw.) des Hotels pro verfügbares Zimmer.

$$\text{TRevPAR} = \frac{\text{Nettogesamtumsatz}}{\text{verfügbare Zimmer}}$$

Allerdings betrachten sowohl der RevPAR als auch der TRevPAR lediglich die Umsatzseite eines Hotels und lassen die Betriebskosten unberücksichtigt.

Hingegen werden beim GOPPAR die betriebsbedingten Kosten (Wareneinsatz, Personalkosten, Energiekosten, Verwaltungskosten, Marketingkosten, Instandhaltungskosten) einbezogen.

$$\text{GORPAR} = \frac{\text{Bruttobetriebsergebnis}}{\text{verfügbare Zimmer}}$$

Beide Kennzahlen haben auch ihre Grenzen und bedürfen einer kritischen Würdigung. Sie berücksichtigen nicht den Betriebstyp und den Anteil (Gewichtung) der anderen Funktionsbereiche und Einnahmequellen im Hotel. Auch ist ein Branchenvergleich auf dieser Ebene kaum möglich, so dass aus einer wettbewerbsorientierten Benchmarking-Perspektive der RevPAR der primäre Leistungsindikator bleibt. (Noone, Enz, Glassmire, 2017)

In den Unternehmen liegen zwar, größtenteils isolierte, Daten vor, allerdings existieren kaum Standards und Normen für Kennzahlen zur Messung der Total-Revenue-Management-Performance. (Baker, 2018)

4.6.2 Kennzahlen im MICE

Je mehr eine Veranstaltungsstätte messen kann, desto effektiver kann sie sich verbessern. Um die Performance im MICE zu messen, werden zuverlässige Kennzahlen benötigt, die über die traditionellen und belegungsbasierten Kennzahlen hinausgehen.

Die Nutzung der Veranstaltungsflächen (Space Utilization) und die Conversion Rate sind grundlegende Kennzahlen für ein Function Space Revenue Management.

4.6.2.1 Space Utilization

Space Utilization ermittelt, wie effektiv die Veranstaltungsflächen genutzt werden. Es gibt mehrere Ansätze, die Space Utilization zu messen. Präzise Nutzungsinformationen ergeben sich aus einer Vielzahl von unterschiedlichen Kennzahlen (→ Abb. 28). Es ist eine Balance aus Auslastung der Veranstaltungsstätte, Zeit, Teilnehmer und Umsatz.

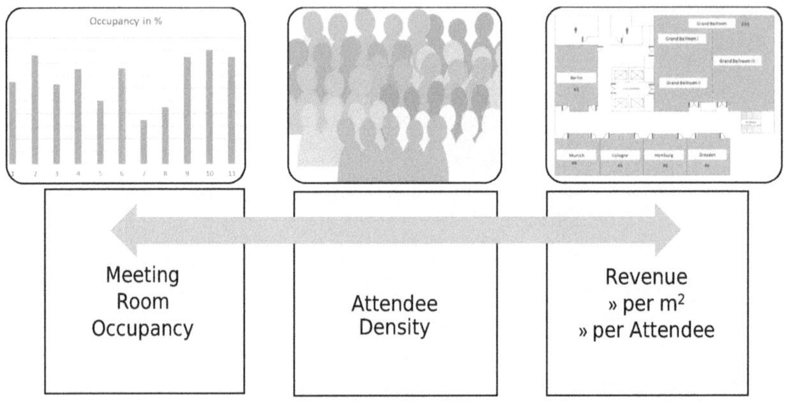

Abb. 28: Space Utilization KPIs
Quelle: eigene Quelle

Die Belegung der Veranstaltungsstätte (Venue Occupany) bestimmt, wie hoch die prozentuale Auslastung für die bestimmte Zeitspanne (Tag, Monat, Jahr) ist.

$$\text{(Venue) Occupancy in \%} = \frac{\text{belegte Veranstaltungsräume}}{\text{Summe aller Veranstaltungsräume}}$$

Allerdings liefert die prozentuale Belegung der Veranstaltungsstätte noch keine Aussage über den Erfolg der Veranstaltungsstätte. Wie oft wird ein Veranstaltungsraum als Organisationsbüro oder Gruppenraum bei größeren Veranstaltungen im Rahmen der gesamten Veranstaltung zu einem geringen Wert verkauft? Wie häufig sind die Räume mit einer geringen Teilnehmerzahl oder für den Auf-/Abbau einer Veranstaltung belegt? Für ein Gesamtbild und zur Bewertung der effektiven Ausnutzung der Veranstaltungsstätte sind zusätzlich die Teilnehmerdichte (Attendee Density) sowie der Umsatz pro verfügbarem Quadratmeter (Revenue per Available Square Meter) heranzuziehen.

$$\text{Attendee Density in \%} = \frac{\text{verkaufte Teilnehmerkapazität}}{\text{optimale Teilnehmerkapazität}}$$

Grundlage der Teilnehmerdichte ist die Definition der optimalen Teilnehmerkapazität (siehe Kapitel 2.2.3). Die *Attendee Density* ist der Prozentsatz der verkauften Teilnehmerkapazität im Vergleich zur optimalen Gesamtkapazität für alle Veranstaltungsräume. Eine Gefahr bei dieser Kennzahl besteht in der mehrfachen Erfassung der tatsächlich verkauften Teilnehmer (ACTUAL) pro Zeitspanne. So ist die verkaufte Teilnehmerkapazität bei einer Veranstaltung von insgesamt 30 Teilnehmern mit 2 Gruppenräumen à 15 Teilnehmern 30.

Wie bereits im Kapitel 4.4 erwähnt, liegen unterschiedliche Umsatzzahlen (Raummiete, F&B, Technik usw.) im Rahmen der finanzwirtschaftlichen Betrachtung im Unternehmen vor. Für den Kernprozess des Function Space Revenue Management ist allerdings eine detailliertere Betrachtung des Umsatzes erforderlich, um die Erkenntnisse bei der Prognose der Nachfrage und künftigen strategischen Entscheidungen zu nutzen. Wie ist der Umsatz pro verfügbarem Quadratmeter (RevPASM)? Wie ist der Umsatz pro Teilnehmer (Revenue per Attendee)? Und wie hoch ist der prozentuale Anteil des erzielten Umsatzes im Vergleich zum optimalen Gesamtumsatz für die vorgesehenen Veranstaltungsräume (Revenue Yield)? Die Basis für den Revenue Yield und den RevPASM sind die definierten optimalen Kapazitäten (vgl. Kapitel 2.2.1).

$$\text{Revenue € per m}^2 = \frac{\text{Gesamtumsatz pro Periode}}{\text{Gesamtquadratmeter aller Veranstaltungsräume pro Periode}}$$

$$\text{Revenue € per Attendee} = \frac{\text{Gesamtumsatz pro Periode}}{\text{verkaufte Teilnehmerkapazität pro Periode}}$$

$$\text{Revenue Yield \%} = \frac{\text{Gesamtumsatz pro Periode}}{\text{optimale Gesamtumsatz pro Periode}}$$

→ Abb. 29 zeigt die zusammenfassende Darstellung der Kennzahlen zur Bewertung der Space Utilization in IDeaS SmartSpace.

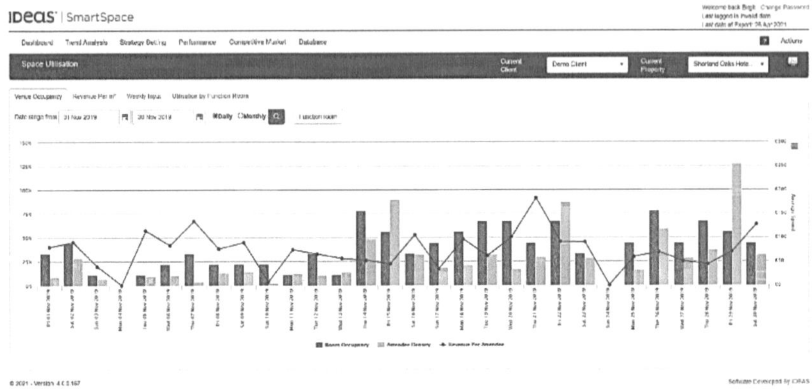

Abb. 29: Beispielhafte Darstellung der Space Utilization
Quelle: IDeaS SmartSpace (2021) – Copyright © 2021 Integrated Decisions & Systems, Inc., Bloomington, MN, USA, All Rights Reserved. Used with permission.

Es existiert eine Beziehung zwischen den genannten Metriken und der Nachfrage, daher ist die Space Utilization für jeden einzelnen Tag und nach Wochentagmuster zu analysieren. Die Erkenntnisse unterstützen die Veranstaltungsstätte bei der Prognose und Überprüfung der Strategie.

Im Vergleich zu den Hotelzimmern ist die Bewertung der Veranstaltungsflächen allerdings weitaus diffiziler. Ein Veranstaltungsraum kann mehrmals am Tag, in unterschiedlichen Kombinationen, mit unterschiedlichen Veranstaltungsarten und Umsatzquellen genutzt werden (McGuire/Wood, 2016, S.361). Der Umsatz für eine Veranstaltung von 30 Teilnehmern à 55,00 EUR Tagungspakete beträgt 1.650,00 EUR im Vergleich zum Umsatz, den die Veranstaltungsstätte mit einer reinen Raummiete von 900,00 EUR erwirtschaftet. Berücksichtigt die Veranstaltungsstätte allerdings die Kosten in diesem Vergleich, dann ist der Profit für die reine Vermietung des Veranstaltungsraums deutlich höher.

Für eine genauere Bewertung der Performance im MICE sind weitere umfassendere Metriken erforderlich, die sowohl Kosten bzw. Deckungsbeiträge als auch die zeitliche Komponente (Day Parts) berücksichtigen:

» **ProPOST** (Profit per Occupied Space Time) gibt Auskunft über den Gewinn für die belegte Fläche in einem Tagesabschnitt (Day Part).
» **ProPAST** (Profit per Available Space Time) gibt an, wie profitabel die verfügbare Fläche in einem Tagesabschnitt ist.
» **RevPOST** (Revenue per Occupied Space Time) misst den Umsatz pro belegte Fläche in einem Tagesabschnitt.
» **RevPAST** (Revenue per Available Space Time) misst den Umsatz pro verfügbare Fläche in einem Tagesabschnitt.

Für die Messung der Utilization wird hierbei die genutzte Fläche in Quadratmeter mit den entsprechenden Day Parts multipliziert und durch die verfügbaren Flächen und Day Parts während der Zeitspanne geteilt.

Die Komplexität der vorstehend genannten Kennzahlen macht eine tägliche manuelle Erfassung nahezu unmöglich. Es erfordert eine Automatisierung des Function-Space-Prozesses und den Einsatz von Revenue-Management-Technologie. Dennoch sollten Veranstaltungsstätten nicht davor zurückschrecken und mit kleinen Schritten anfangen, Kennzahlen für diesen Bereich zu implementieren und zu untersuchen.

4.6.2.2 Conversion Rate

Die Conversion Rate zeigt den Anteil der Anfragen, die in definitive Buchungen umgewandelt wurden. Diese Kennzahl kann nach Ankunftsdatum und nach Erstelldatum erfasst werden. Sie liefert Schlüsselinformationen zur Performance der Veranstaltungsstätte, hilft Potenziale im Group Convention Sales zu erkennen und Prozesse zu verbessern. Oftmals wird die Conversion Rate nur für die Anzahl der Buchungen erfasst und die Materialisierung des Umsatzes von Anfragen bleibt unberücksichtigt. Das Beispiel in → Tab. 15 zeigt zwei Veranstaltungsstätten mit gleicher Anzahl von Anfragen und einer Conversion Rate von 44,83 % im betrachteten Zeitraum. Veranstaltungsstätte B konnte Anfragen mit einem höheren durchschnittlichen Wert und somit mehr als 50 % des angefragten Umsatzes materialisieren. Sie hat effektiver gearbeitet. Veranstaltungsstätte A musste höherwertige Anfragen ablehnen, da keine Veranstaltungskapazitäten mehr zur Verfügung standen.

Tab. 15: Berechnung der Conversion Rate
Quelle: eigene Darstellung

Buchungsstatus	Veranstaltungsstätte A			Veranstaltungsstätte B		
	Anfragen	**Umsatz in €**	**Ø Wert in €**	**Anfragen**	**Umsatz in €**	**Ø Wert in €**
Definite	39	87.611	2.246,44	39	164.895	4.228,08
Lost/ Cxl	49	177.397	3.620,35	49	142.383	2.905,78
UNC/ Turn down	20	87.963	4.398,15	20	45.693	2.284,65
Anfragen gesamt	108	352.971	3.268,25	108	352.971	3.268,25
TOTAL (abzgl. UNC/Turn Down)	87	265.008	3.046,07	87	307.278	3.531,93
Coversion	**44,83%**	**33,06%**		**44,83%**	**53,66%**	

Nach dem Motto „First come, first serve“ blockieren Veranstaltungsstätten Kapazitäten und schließen ggf. somit höherwertiges Geschäft zu einem späteren Anfragezeitpunkt aus.

Das Beispiel zeigt, es ist nicht zwangsläufig eine Steigerung der Nachfrage erforderlich, um eine Umsatzsteigerung zu erreichen. Mit der Kenntnis der Nachfrage und des Buchungstempos kann eine Veranstaltungsstätte das höherwertige Geschäft effektiver auswählen und das Ergebnis maximieren.

4.6.3 Benchmarking

Unter Benchmarking versteht man den kontinuierlichen Vergleich mit (mehreren) Unternehmen, um eine Optimierung der Performance zu den Wettbewerbern und dem Markt (also zu den Besten) zu erreichen. Eine Herausforderung ist es, maßgebliche Kennzahlen zu finden, die einen Vergleich sowie eine konkrete Messung und Interpretation ermöglichen.

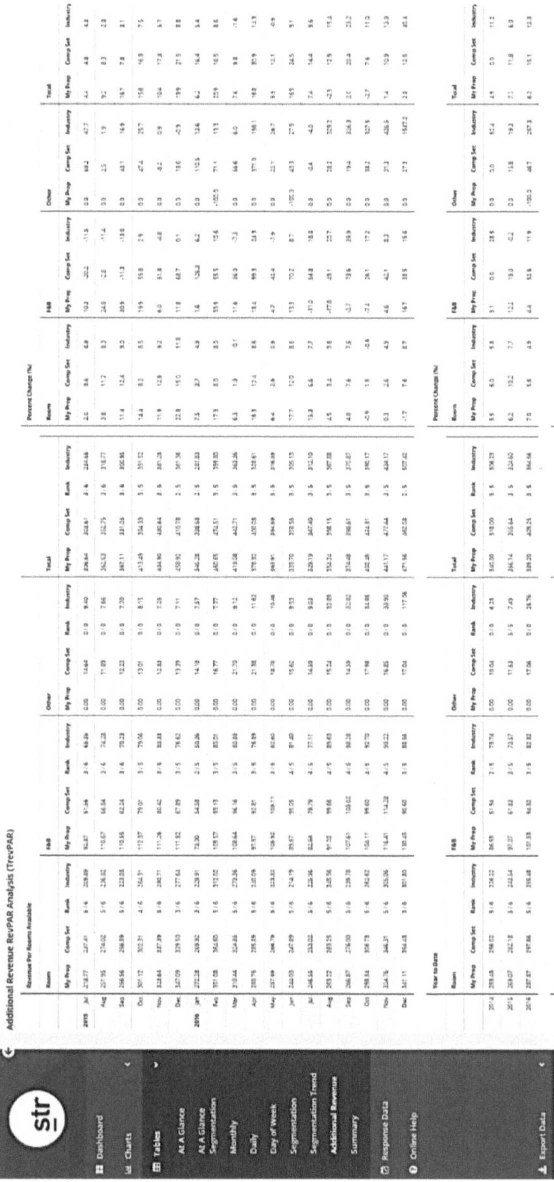

Abb. 30: STR Additional Revenue RevPAR Analysis (TRevPAR)
Quelle: STR, Used with permission.

Derzeit gibt es kaum ein Benchmarking für den MICE-Bereich und die Veranstaltungsflächen. Es setzt Standards und eine einheitliche Definition sowie die unkomplizierte und kontinuierliche Bereitstellung solcher Kennzahlen voraus.

STR bietet mit dem dSTAR-Produkt bereits erste Lösungen im Sinne einer Total Revenue Performance an. Die Daten werden segmentiert nach Transient-, Gruppen- und Corporate-Umsatz sowie nach Umsatzquellen (d.h. F&B und Other Revenue), die über den Beherbergungsumsatz hinausgehen (→ Abb. 30). Die F&B-Umsätze erhalten allerdings auch Umsätze wie Raummiete und Technikumsätze innerhalb der F&B-Abteilung. Eine weitere Aufschlüsselung und stringente Trennung der Umsätze ist abhängig von den gelieferten Daten der Property-Management-Systeme in den Hotels.

Ebenso ermöglicht MICEview ein Benchmarking der Meeting Space Utilisation der Veranstaltungsstätte gegenüber dem definierten und verfügbaren Mitbewerberset sowie dem Marktdurchschnitt.

Ein Ausbau des Benchmarkings und aussagekräftigere Total-Revenue-Ergebnisse erfordern mehr Daten von Hotels und weitere eindeutige Kennzahlen.

Zusammenfassung

Eine eindeutige Struktur der Quelldaten ist die Grundlage für eine systematische und zusammenhängende Datensammlung.

Systematische Untersuchungen im Function Space Revenue Management helfen dem Revenue Manager, Trends und Abweichungen zu erkennen sowie die Nachfrage pro Veranstaltungsraum, Tag, Markt und Veranstaltungsart zu verstehen.

Je besser eine Veranstaltungsstätte das Buchungsverhalten und die Trends versteht, umso genauer kann es die zukünftige Nachfrage und deren Wert vorhersagen, und so den Umsatz maximieren und den Profit optimieren. Hierfür werden Kennzahlen wie Space Utilization und Conversion Rate herangezogen.

Für die Ermittlung der Nachfrage sind in einer Veranstaltungsstätte viele Daten und Informationen verfügbar. Es existiert Nachfrage für jeden einzelnen Tag im Jahr unterteilt nach:

» Buchungsstatus
» Marktsegment und Event Type
» Teilnehmergrößen
» Veranstaltungsräumen
» Lead Time
» Lead Source
» Umsatz.

Die Ermittlung der Nachfrage dient als Grundlage und Input für die Forecast-Modelle.

Gleichzeitig sollte ein Hotel die Analysen nutzen, um die eigenen Arbeits- und Geschäftsprozesse zu verifizieren.

Forecasting unterstützt das Unternehmen dabei, die künftige Geschäftsentwicklung zu antizipieren. Der Forecast quantifiziert die Unsicherheit der Zukunft. Vorhersagen und Planungen helfen Hotels, eine nichtgreifbare Unsicherheit in ein messbares Risiko zu verwandeln.

Der Demand-Forecast unterscheidet sich vom Financial- und Operational-Forecast und die Schlüsselkomponente im Revenue Management.

Der Demand-Forecast berücksichtigt die uneingeschränkte Nachfrage (Unconstrained Demand), d.h. die tatsächliche Nachfrage nach einem Produkt ohne Einschränkungen, und ist somit eine wesentliche Anforderung für die Nachfrageermittlung. Nur wenn ein Hotel weiß, wie viel uneingeschränkte Nachfrage pro Tag und Segment existiert, kann das richtige Geschäft ausgesucht werden, um den Umsatz zu maximieren bzw. den Profit zu optimieren.

Mit der Strategie definiert eine Veranstaltungsstätte die grundsätzliche und langfristige Verhaltensweise der Unternehmung und der relevanten Teilbereiche gegenüber ihrer Umwelt zur Verwirklichung und Erreichung der langfristigen Ziele.

In diesem Zusammenhang ist es wichtig, dass die Mitarbeiter des Veranstaltungsverkaufs die einzelnen Mitbewerber im MICE und deren Produkt in Bezug auf das eigene Produkt genaustens kennen. Neue Veranstaltungsformate, veränderte Anforderungen, dynamische Preisgestaltung und Echtzeitbuchungen erfordern eine Überprüfung des Angebots.

Für die Preisbestimmung sollte die Veranstaltungsstätte seine Preisuntergrenze für die Veranstaltungsprodukte und -dienstleistungen kennen. Ferner spielen die Preissensibilität und Konkurrenzpreise eine entscheidende Rolle in der Preisgestaltung. Die Preisgestaltung im MICE umfasst eine Kombination von verschiedenen Einnahmequellen, die aufgrund der Kosten und Profitmargen eine unterschiedliche Rentabilität aufweisen. In diesem Zusammenhang erhält die Raummiete eine größere Bedeutung in der Preisgestaltung. Sie ist die einzige Komponente des Tagungspakets, die innerhalb einer dynamischen und transparenten Preisgestaltung entsprechend der Nachfrage pro Tag angepasst werden kann. Neben der Festlegung von Preisen für die Veranstaltungskapazitäten und Tagungspakete sind die konditionsbezogenen Strategien festzulegen. Insbesondere die Buchungskonditionen wie Stornierungs- und Zahlungsbedingungen spielen hier eine elementare Rolle.

Die Veranstaltungsstätte definiert eine dynamische Preisstrategie für unterschiedliche Nachfragezeiträume. Die Definition der Preisstrategie berücksichtigt den Preis, den Mindestumsatz und die Mindestteilnehmerkapazität für jeden Nachfragelevel (High, Medium, Low und Distressed).

Im Anschluss ordnet der Revenue Manager die jeweilige Preisstrategie der Nachfrage pro Tag zu.

Key-Performance-Indikatoren (KPI) dienen dem Revenue Management und anderen Unternehmensbereichen als Bewertungs- und Entscheidungsgrundlage sowie für interne und externe Betriebsvergleiche. Die Analyse und die Überwachung der Ergebnisse aus den strategischen und taktischen Entscheidungen ermöglicht es, eine Prognose und Korrektur für die Zukunft festzulegen, um die Ergebnisse zu optimieren.

Je mehr eine Veranstaltungsstätte messen kann, desto effektiver kann sie sich verbessern. Um die Performance im MICE zu messen, werden zuverlässige Kennzahlen benötigt, die über die traditionellen und belegungsbasierten Kennzahlen hinausgehen.

Die Nutzung der Veranstaltungsflächen (Space Utilization) und die Conversion Rate sind grundlegende Kennzahlen für das Function Space Revenue Management.

Die Komplexität der Kennzahlen wie ProPOST, ProPAST und ähnlichen macht eine tägliche manuelle Erfassung nahezu unmöglich. Es erfordert eine Automatisierung des Function-Space-Prozesses und den Einsatz von Revenue-Management-Technologie. Dennoch sollten Veranstaltungsstätten nicht davor zurückschrecken und mit kleinen Schritten anfangen, Kennzahlen für diesen Bereich zu implementieren und zu untersuchen.

Für ein Benchmarking der Veranstaltungsflächen sind maßgebliche Kennzahlen zu definieren.

5 Management der Vertriebskanäle im MICE

Im Rahmen der Distributionsstrategie legt die Veranstaltungsstätte fest, welche Leistungen über welche Absatzwege vertrieben werden sollen. Die Gestaltung der Absatzwege berücksichtigt dabei Überlegungen zu direkten und indirekten sowie Offline- und Onlinedistributionskanälen.

Seit Jahren steigen die Onlinebuchungen von Urlaubsreisen und Unterkünften. Laut Reiseanalyse FUR 2020 lag der Anteil der Buchungen von Unterkünften über digitale Kanäle bei Urlaubsreisen von 5+ Tagen bei 66 % und bei Kurzurlaubsreisen bei 85 %. (o.V., 2020b, S. 51) Im gleichen Zuge steigt auch der Marktanteil der Onlinereisevermittler. Laut einer Studie der HOTREC ist der Marktanteil der Onlinereisevermittler im europäischen Hotelsektor von 19,7 % im Jahr 2013 auf 29,9 % im Jahr 2019 gestiegen. Gleichzeitig ist der Anteil der Direktbuchungen europaweit um über 10 Prozentpunkte von 57,6 % im Jahr 2013 auf 45,5 % im Jahr 2019 gesunken. Drei Akteure innerhalb des Onlinereisevermittlermarkts (Booking, Expedia und HRS) haben einen aggregierten Marktanteil von 92 %. (o.V., 2020c)

Spätestens der zweite Lockdown im Herbst 2020 im Rahmen der COVID-19-Pandemie hat Kunden gelehrt, dass „Shoppen" grundsätzlich genauso online funktioniert. Mit der Digitalisierung sämtlicher Lebens- und Arbeitsbereiche ist auch die Onlinebuchbarkeit von einfachen Veranstaltungsleistungen über die eigene Website oder Onlinetagungsportale zunehmend ein Thema. Der Kunde erwartet heute in allen Bereichen Transparenz, Vergleichbarkeit, Sofortverfügbarkeit und Preisangaben in Echtzeit.

Die Onlinedistribution der Veranstaltungsflächen stellt eine große Herausforderung für die Veranstaltungsstätte dar. Es existiert bereits eine Vielzahl von Plattformen, die sich mit der Distribution von Veranstaltungsflächen beschäftigen, aber dies geschieht selten in Echtzeit oder mit einer Instant-booking-Möglichkeit. Im Jahr 2020 lag der Anteil des über Tagungsportale gebuchten Veranstaltungsvolumens in Tagungshotels bei 23,8 %, das ist ein Plus von 2,6 % gegenüber 2019. (EITW, 2020)

Laut einer Studie der Global Business Travel Association und HRS sind 50 % der Meetings weltweit einfache Meetings. Hierbei werden einfache Meetings wie folgt definiert: Veranstaltungsräume, Hotelübernachtungen (optional), grundlegende audiovisuelle Ausstattung, 10 bis 50 Teilnehmer, vorhandene und replizierbare Anforderungen innerhalb des Unternehmens. Mehr als die Hälfte der Befragten nutzt MICE-Portale für die Suche nach potenziellen Hotels und Veranstaltungsstätten und 48 % bucht Hotels und Veranstaltungsstätten über diesen Kanal. (GBTA, 2018)

Der Bedarf an kleinen, einfachen Veranstaltungen steigt und damit auch die Anforderungen an Echtzeitbuchungen (Instant-bookings) von standardisierten Veranstaltungsformaten. Allerdings sind die Live-Verfügbarkeiten nie wirklich live, es sei denn, das Property-Management-System bzw. Sales&Catering-System ist die Quelle der Verfügbarkeit.

Hotels und Veranstaltungsstätten sollten aus der Onlinedistribution von Hotelzimmern und der entwickelten Marktdominanz einzelner Onlinereisevermittler Lehren ziehen und die Automatisierung des Buchungsprozesses von Veranstaltungsflächen – über die eigene Website – vorantreiben. Hierbei ist der Vertrieb der Veranstaltungsflächen in die allgemeine Distributionsstrategie und -landschaft zu integrieren. Ebenso muss ein einfacher und strukturierter Prozess der Onlineabfrage/-buchung festgelegt werden. Allerdings bedeutet Digitalisierung nicht einfach eine Umwandlung von analogen Prozessen in digitale Prozesse. Ein schlechter Prozess wird nicht besser, nur weil er digitalisiert wird. Vielmehr müssen die bestehenden Anfrage- und Buchungsprozesse untersucht und hinterfragt werden, um durch die Digitalisierung die einzelnen Prozesse zu optimieren.

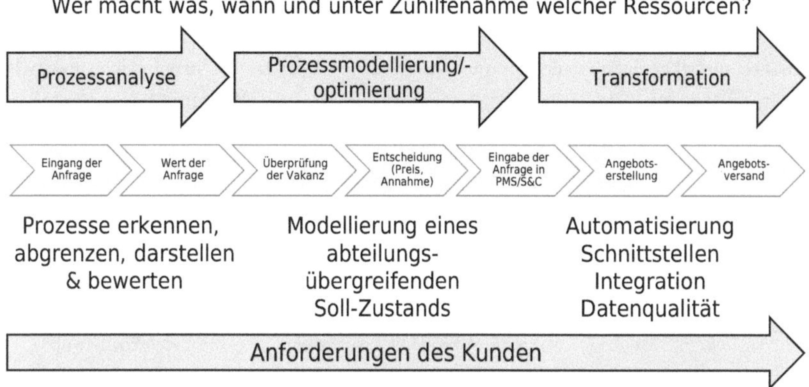

Abb. 31: Management des Anfrageprozesses
Quelle: eigene Darstellung

Vor Automatisierung des Prozesses sind die internen Prozesse zu untersuchen und zu optimieren (→ Abb. 31). Ziele der Prozessoptimierung sind u.a. die Verkürzung der Bearbeitungs- und Antwortzeiten, die Reduzierung von gebündelten Ressourcen, Senkung der Kosten, Erhöhung der Umsatz-Conversion von Anfragen und die Steigerung der Rentabilität. Hierbei ist es ratsam, mit kleinen Schritten anzufangen und zunächst den Soll-Zustand für einfache, standardisierte Anfrageprozesse festzulegen. Erst danach kann die Auswahl der Technologie zur Automatisierung des Prozesses erfolgen. Dabei ist die Prozessoptimierung ein stets fortlaufender Prozess und bedingt die Integration der Kundenanforderungen.

Für die Vertriebsstrategie im MICE ist die betriebliche Effizienz durch ein angemessenes Management der Preise und Verfügbarkeiten im Rahmen eines ausgewogenen Channel Mix anzustreben, um die Rentabilität zu optimieren. Hierbei spielen die Kosten pro Kanal als auch die Anforderungen und Erreichbarkeit der Zielgruppen eine entscheidende Rolle.

Bei der Auswahl der Onlinedistributionskanäle sind die Art und der Grad der Automatisierung, die Zielgruppen, das Leistungsspektrum und die Kommissions- und Transaktionskosten des jeweiligen Distributionskanals bzw. MICE-Portals zu berücksichtigen. Insbesondere vor dem

Hintergrund von kürzeren Antwortzeiten und der Rentabilität von einfachen, standardisierten Veranstaltungsformaten spielt der Grad der Automatisierung eine entscheidende Rolle. → Tab. 16 zeigt die wesentlichen Unterschiede von Echtzeitbuchungen und Requests for Proposal (RFP).

Tab. 16: Gegenüberstellung RFP vs. Onlinebuchung
Quelle: eigene Darstellung

	RFP	**online**
	(E-Mail, Web-Formular)	**(Echtzeitbuchung)**
Sichtbarkeit von verfügbaren Produkten/Räumen	nein	ja
Onlineverfügbarkeit	nein	ja
Preise	auf Anfrage	transparent & dynamisch
Erreichbarkeit	Bürozeiten	24. Jul
Antwortzeit	> 24 h	Sofort
Conversion Rate	niedrig	hoch
Bündelung von Ressourcen	hoch	niedrig

Eine große Herausforderung ist die Live-Verfügbarkeit der einzelnen Veranstaltungsräume. Denn anders als bei den Hotelzimmern steht oftmals nur ein Veranstaltungsraum pro Teilnehmergröße zur Verfügung. Sofern möglich, ist es hierfür sinnvoll, ähnliche Veranstaltungsräume mit ähnlicher (Teilnehmer-)Größe in einer Kategorie zu bündeln. Die Quelle der Verfügbarkeit von Veranstaltungsräumen ist das PMS- bzw. S&C-System.

Moderne S&C-Systeme wie iVvy Sales & Catering ermöglichen bereits die Verwaltung von Echtzeitverfügbarkeiten, dynamischen Preisen und

Gruppenblöcke für Hotelzimmerbuchungen. Mit einer White Labelled Booking Engine oder einen Booking-Button für individuelle Hotels ist die Vermarktung und Steuerung der Veranstaltungsstätte und deren Leistungen über die eigene Website gewährleistet. Die offene Anwendungsschnittstelle (API) erlaubt eine Anbindung an andere Softwarelösungen. Die nahtlose Integration in bestehende PMS-Systeme (z.B. Oracle Opera, Protel, Mews), in Revenue-Management-Systeme, in Point-of-sales-Systeme, in Central-Reservation-Systeme (z.B. Sabre) und zu Payment-Systeme ermöglicht Live-Verfügbarkeiten und die Automatisierung des gesamten Prozesses von Anfrage bis Zahlung der Veranstaltung. Die Einrichtung von flexiblen Menüoptionen von Verpflegungs- und AV-Leistungen sowie weiteren Leistungsangeboten unterstützt die modulare, dynamische Preisgestaltung (vgl. Kapitel 4.5.2) und Inventarkontrolle, um so eine modulare Echtzeit-Paketierung nach individuellen Kundenanforderungen zu ermöglichen.

Neben den modernen Sales&Catering-Systemen (wie z.B. iVvy Sales & Catering) bieten aber auch Start-up-Unternehmen wie Meetingpackage oder hivr.ai erste Hub-Lösungen für die Automatisierung des MICE-Buchungsprozesses einfacher und standardisierter Veranstaltungen. Hierzu gehören auch die Internet Booking Engine (IBE) für die eigene Website und die Anbindung an Instant-Booking-Portale. → Abb. 32 zeigt in einer vereinfachten Grafik die Komplexität und die (Online-)Distribution Landscape im MICE.

Das Veranstaltungsvolumen von Unternehmen unabhängig von einem zentralen Einkauf wird entweder über revisionssichere Firmenlösungen, z.B. Aloom, Cvent, und/oder öffentliche Buchungsplattformen, z.B. Aloom, meetago, oder Anfrageportale (RFP) gebucht.

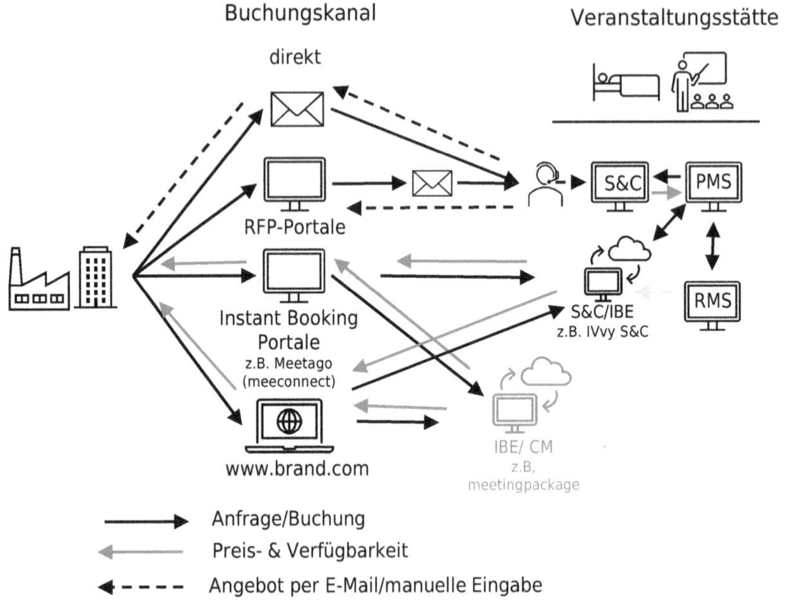

Abb. 32: Einfache Distribution Landscape
Quelle: eigene Darstellung

Zusammenfassung

Für die Vertriebsstrategie im MICE muss die Veranstaltungsstätte die betriebliche Effizienz durch ein angemessenes Management der Preise und Verfügbarkeiten im Rahmen eines ausgewogenen Channel Mix anstreben, um die Rentabilität zu optimieren. Hierbei spielen der Grad der Automatisierung, die Kosten pro Kanal als auch die Anforderungen und Erreichbarkeit der Zielgruppen eine entscheidende Rolle.

Der Bedarf an kleinen, einfachen Veranstaltungen steigt und damit auch die Anforderungen an Echtzeitbuchungen (Instant Bookings) von einfachen, standardisierten Veranstaltungsformaten. Allerdings sind die Live-Verfügbarkeiten nie wirklich live, es sei denn, das Property-Management-System bzw. Sales&Catering-System ist die Quelle der Verfügbarkeit.

Die Live-Verfügbarkeit der einzelnen Veranstaltungsräume ist eine Herausforderung. Denn anders als bei den Hotelzimmern steht oftmals nur ein Veranstaltungsraum pro Teilnehmergröße zur Verfügung. Sofern möglich, ist es sinnvoll ähnliche Veranstaltungsräume mit ähnlicher (Teilnehmer-)Größe in einer Kategorie zu bündeln.

Vor einer Automatisierung des Prozesses sind die internen Prozesse zu untersuchen und zu optimieren. Erst danach kann die Auswahl der Technologie zur Automatisierung des Prozesses erfolgen.

6 Etablierung einer Revenue-Management-Kultur im MICE

Sämtliche in Kapitel 1 besprochenen Inhalte können nur erfolgversprechend umgesetzt werden, wenn eine entsprechende Revenue-Management-Kultur etabliert und gelebt wird. Die erarbeiteten Prozesse müssen neben einer professionellen technologischen Umsetzung insbesondere mit dem Team vernetzt werden. Erst die Menschen in einer Organisation können aus den besprochenen Anwendungen ein ganzheitliches Revenue-Management-Konzept erschaffen, indem sie eine korrespondierende Kultur etablieren und langfristig leben. Die Etablierung dieser Kultur sollte in den folgenden Schritten erfolgen: Zuerst muss der Personenkreis identifiziert werden, der direkt oder indirekt mit dem Revenue-Management-Konzept in der Veranstaltungsstätte betraut sein wird. Daraufhin sollten die hier nachfolgend exemplarisch dargestellten vorbereitenden Schritte durchgeführt werden, bevor diese in eine langfristige Umsetzungsstrategie eingebunden werden. Um gleichzeitig die Erfolge der Revenue-Management-Maßnahmen überprüfen und strategische Anpassungen vornehmen zu können, ist es unerlässlich, regelmäßige Revenue-Management-Meetings zu etablieren. Nach Sackmann (2017, S. 42) definiert sich grundlegend die Unternehmenskultur als „das von einer Gruppe gemeinsam gehaltene Set an grundlegenden Überzeugungen, das für die Gruppe insgesamt typisch ist. Dieses Set an grundlegenden Überzeugungen beeinflusst Wahrnehmung, Denken, Handeln und Fühlen der Gruppenmitglieder und kann sich auch in deren Handlungen und Artefakten manifestieren. Die grundlegenden Überzeugungen werden nicht mehr bewusst gehalten, sie sind aus der Erfahrung der Gruppe entstanden und haben sich durch die Erfahrung der Gruppe weiterentwickelt, d.h. sie sind gelernt und werden an neue Gruppenmitglieder weitergegeben." Übertragen auf die Thematik dieses Fachbuchs bedeutet dies, dass erst wenn Function Space Revenue Management im Unternehmen kulturell fest verankert ist, ein zielführendes Commitment aller direkt/indirekt Beteiligten einerseits und ein Verständnis für die Verankerung der Konzeption auf allen Ebenen andererseits erreicht werden kann. Des Weiteren wird auch eine – für das Betriebsklima unerlässliche

– Gleichstellung des administrativ/strategischen mit dem operativen Veranstaltungsbereich nur im Bewusstsein aller für die Bedeutung von Function Space Revenue Management zu erreichen sein. Auch der eventuell nicht direkt im Planungsprozess involvierte operative Veranstaltungsbereich erhält die Chance auf einen stärkenden Motivationsschub. Dieses Team erkennt dadurch, dass hier nicht nur Anweisungen im Zusammenhang mit der Durchführung geplanter Veranstaltungen bestmöglich „abzuarbeiten“ sind. Vielmehr wird – gerade im Hotel – mit Unterstützung der Anstrengungen im Revenue Management das Prinzip des Profitcenters gestärkt und die Gewinnmaximierung durch Optimierung der Kapazitätsauslastung vorangetrieben.

Personenkreis identifizieren

In einem ersten Schritt gilt es nun also, den direkt bzw. indirekt am Function Space Revenue Management beteiligten Personenkreis zu identifizieren. Selbstredend werden in der Praxis häufig sowohl Bezeichnung, konkreter Verantwortungsbereich als auch grundlegend der Aufbau des Managements der Veranstaltungsstätte variieren. Daher ist die nachfolgende Darstellung als exemplarisch zur Anpassung an die eigenen unternehmerischen Gegebenheiten zu verstehen.

Direkt am Function-Space-Revenue-Management-Prozess beteiligte Personen:

» Event/Meeting/Convention Sales Manager
» Revenue/Reservation Manager

Indirekt am Function-Space-Revenue-Management-Prozess beteiligte Personen:

» General Manager
» Accounting Manager
» Marketing Manager
» Banquet Operations Manager
» (Food & Beverage Manager)

Neben den direkten am Anfrage- und Buchungsprozess für Veranstaltungen beteiligten Personen sollten unbedingt auch die indirekt beteiligten Personen in den Prozess der Etablierung einer Function-Space-Revenue-Management-Kultur einbezogen werden. Nur so ist ein Rückhalt für die Konzeption sowie eine Verankerung in der umfassenden Unternehmenskultur zu erreichen. Sobald dieser gesamte Personenkreis identifiziert wurde, erscheint es ratsam, ein gemeinsames Kick-off-Meeting zu organisieren, bei dem die weiteren Schritte und verbindlichen Zuständigkeiten festgelegt werden.

Vorbereitende Schritte

Grundlegender Schritt für die praktische Umsetzung eines Revenue Managements im MICE ist, dass alle direkt und indirekt Beteiligten auf denselben Wissensstand gebracht werden. Dies betrifft einerseits eine Aufklärung der wichtigsten Basisfakten wie Erläuterung der wichtigsten Fachbegriffe und Definitionen. Andererseits sollte anhand von konkreten Rechenbeispielen die ertragsseitige Bedeutung von Function Space Revenue Management verdeutlicht werden. In direktem Zusammenhang dazu steht die Visualisierung der IST-Werte der wichtigsten KPIs für das eigene Unternehmen bzw. evtl. sogar heruntergebrochen für konkrete Veranstaltungen. Tiefergehende Performance-Analysen können – unter Einbeziehung unterschiedlicher Szenarien – die Sensibilität bzgl. einer zu etablierenden Revenue-Management-Kultur in MICE schärfen.

Im Sinne einer Verdeutlichung der durch angewandtes Revenue Managements zu erzielenden Gewinnmaximierung, kann über die Einführung von monetären bzw. nichtmonetären Anreizsystemen nachgedacht werden. Ein eventuell durch die Einarbeitung und Anwendung von Revenue-Management-Prinzipien entstehender Mehraufwand ist so aus Mitarbeitersicht (teilweise oder ganz) zu kompensieren. Es gilt, die Überlegung – basierend auf den individuellen betrieblichen Gegebenheiten – anzustellen, ob ein Punkte-, Bonus- oder Umsatzbeteiligungssystem eingeführt werden könnte. Hierbei könnte sich der Aufwand für einen direkt beteiligten Mitarbeiter in der Potenzialanalyse einzelner Veranstaltungen direkt auszahlen. So ist die Phase des Commitment deutlich schneller herbeizuführen.

Umsetzung & Implementierung des Function Space Revenue Managements

In der nächsten Phase steht die praktische Umsetzung und damit letztendliche Implementierung der Revenue-Management-Prinzipien im MICE an. Es scheint wichtig zu betonen, dass es in jedem Fall sinnvoll ist, die Reihenfolge der hier vorgestellten Schritte einzuhalten: Auf Basis der festgelegten direkt und indirekt beteiligten Personengruppen sollten die beschriebenen vorbereitenden Schritte durchgeführt und erst dann die konkrete Umsetzung bzw. Implementierung in Angriff genommen werden. Auch wenn diese vorbereitenden Schritte ggf. einige Zeit in Anspruch nehmen kann, so kann diese Zeit als wertvolles Investment angesehen werden. Es handelt sich bei der Implementierung um keine kurzzeitige, auf Trends basierende Vorgehensweise, sondern um einen grundlegenden Paradigmenwechsel. Ganzheitliches Revenue Management stimmt Menschen, Prozesse und Technologien derart aufeinander ab, dass die Veranstaltungsstätten im Sinne der Gewinnoptimierung ihre Kapazitäten optimal auslasten und Kunden/Veranstaltern ein zu jedem Zeitpunkt marktgerechter Preis angeboten wird. Das bisher starre Preissystem wird also durch ein dynamisches abgelöst – und zwar nicht nur kurzfristig, sondern dauerhaft. Daher ist eine gründliche Vorbereitung dieses Schrittes unerlässlich.

Die praktische Umsetzung und Implementierung setzen selbstverständlich eine Installation und Bereitschaft der erforderlichen technologischen Anwendungen voraus. Auf diesen Punkt soll hier allerdings nicht näher eingegangen werden, da der Schwerpunkt dieses Kapitels auf den Faktoren Menschen und Prozesse im Rahmen der Etablierung einer Revenue-Management-Kultur im MICE liegt. Infolgedessen sind aus diesem Aspekt die nachstehenden Maßnahmen im Rahmen der vorbereitenden Umsetzung und langfristigen Implementierung der Revenue-Management-Prinzipien im MICE-Systems zu empfehlen:

- (externe) Grundlagen-Team-Schulungen, um sowohl die technologischen Anwendungen als auch die strategischen Prozesse zu verstehen und auf das eigene Unternehmen maßgeschneidert anwenden zu können
- spezifische Schulungen für die Vertiefung besonderer Skills – evtl. mit Schwerpunkt auf einzelnen Personen oder kleinen Gruppen
- Überprüfung der vorhandenen Datenstrukturen und -qualität – ggf. mit Anpassung gemäß Strategieplanung (z.B. Anlegen, Erfassen und Analyse weiterer bisher nicht erfasster KPIs)
- Kenntnis und Analyse des aufgestellten Budgets – evtl. ergibt sich durch die Etablierung des Function Space Revenue Management die Notwendigkeit, das Budget anzupassen oder um weitere neue und ggf. detailliertere Kennzahlen zu ergänzen – in Kooperation mit Accounting Manager und Marketing Manager
- unternehmensinterne Kostenanalyse mit dem Ziel, Preisober-/-untergrenzen für einzelne Veranstaltungsbausteine (z.B. Raummiete, Veranstaltungstechnik, Tagungspaket, F&B-Leistungen etc.) festzulegen
- kontinuierlicher Ausbau der Marktkenntnis in Verbindung mit einer systematischen und wiederkehrenden Konkurrenzanalyse (hier gilt es, die maßgeblichen Konkurrenzunternehmen sowohl regional als auch thematisch bedingt überregional zu identifizieren und die angefertigte Liste regelmäßig zu überprüfen und aktualisieren)
- Etablierung einer detaillierten Beobachtung und Kategorisierung der Marktsegmente hinsichtlich ihrer Preisbereitschaft
- Einführung eines Kundenbindungsmanagements bei dem ggf. Fakten und Zahlen zum bisherigen MICE-Umsatz hinterlegt sind und die als Basis für die Verhandlung spezieller Ratensysteme dienen können

Regelmäßige Revenue-Management-Meetings

Sobald die vorausgehend beschriebenen drei Schritte sorgfältig und zufriedenstellend erledigt wurden, ist der Zeitpunkt gekommen, die Veranstaltungsstätte in die regelmäßigen Revenue-Management-Meetings einzubinden. Neben der Festlegung der Regelmäßigkeit spielt auch die Festlegung des standardmäßigen Wochentages sowie der Uhrzeit für das

Meeting eine wichtige Rolle. Freitag erscheint generell ungeeignet, da die im Meeting beschlossenen Maßnahmen dann realistischerweise in dieser Woche nicht mehr umgesetzt werden können. Ebenso stellt der Montag einen eher unüblichen Wochentag für ein derartiges Meeting dar, da dann wohl noch nicht genügend zu bearbeitende bzw. besprechende Veranstaltungsanfragen vorliegen. In vielen Unternehmen hat sich der Mittwoch bzw. Donnerstag als am besten geeignet für ein derartiges Meeting etabliert. Die konkrete Uhrzeit oder die Entscheidung, ob das Meeting vor- bzw. nachmittags stattfinden soll, hängt insbesondere von den spezifischen unternehmerischen Gegebenheiten der Veranstaltungsstätte ab und sollte den betriebsbedingten Erfordernissen angepasst werden.

Sobald die terminliche Frage geklärt ist, steht die Festlegung des standardmäßigen Teilnehmerkreises an. Neben den direkt am Revenue-Management-Prozess Beteiligten (Event/Meeting/Convention Sales Manager, Revenue/Reservation Manager) und somit gesetzten Teilnehmern kann es Sinn machen, entweder immer, in größeren Abständen oder nur zu speziell ausgewählten Terminen auch die indirekt Beteiligten (General Manager, Accounting Manager, Marketing Manager, Banquet Operations Manager, Food & Beverage Manager) einzuladen. Diese können insbesondere im Rahmen einer langfristigen Strategiefestsetzung wertvolle Impulse setzen. Daraus ist bereits abzuleiten, dass neben einer standardmäßigen Agenda bei verändertem Teilnehmerkreis immer wieder Spezialthemen anzusprechen sind. Eine Standard-Agenda könnte sinnvollerweise die folgenden Punkte umfassen:

[1] Kurzer Bericht aller Teilnehmenden mit relevantem Feedback, aktuellen Informationen und Updates

[2] Vorstellung und Besprechung der Total Performance der vergangenen Woche/Veranstaltungen anhand der definierten KPIs (siehe Kapitel 4.6)

[3] Analyse und Diskussion aktueller Nachfragetrends mit einhergehender Anpassung des Demand-Kalenders sowie Ableitung entsprechender Maßnahmen und Aktivitäten hinsichtlich der anzuwendenden Preisstrategie (pro Tag bzw. Buchungszeitraum). Wichtig erscheint in diesem Zusammenhang eine Abstimmung des Rooms Forecasts mit dem MICE Forecast.

[4] Fachspezifische Diskussionsinhalte des RM-Meetings:

a. Bewertung des Business Pace bzw. Business Pick Up im Vergleich zur Vorwoche
   i. Materialisierungsgrad von definitiven Buchungen im Vergleich zur Vorwoche,
   ii. Bewertung der tentativen Buchungen für die nächsten 30–60 Tage nach Materialisierungswahrscheinlichkeit
   iii. Abstimmung mit dem Sales Team im Falle größerer Abweichungen des Werts von stornierten und verlorenen Buchungen
b. Bewertung des Business Pace im Vergleich zum Vorjahr
   i. Vergleich der DEF-Buchungen gegenüber selben Tag/gleicher Buchungszeitraum im Vorjahr
   ii. Vergleich der ACT-Zahlung gegenüber selben Tag/gleicher Buchungszeitraum im Vorjahr
c. Identifizierung von „Distressed“ and „Low“-Tagen/Buchungszeiträumen als Grundlage für die Aktivierung von Verkaufs- und Marketingaktivitäten
d. Ausblick und ggf. Anpassung des Financial Forecasts (für 30, 90 und 365 Tage) basierend auf Budgetzielen, Booking Forecast und DEF-Buchungen

Im spezifischen Beispiel zur Hotellerie könnte die unter TOP 3 aufgeführte grundlegende Diskussion in Bezug auf den Demand-Kalender beispielsweise wie folgt aussehen:

» „Soll eine Tagungsanfrage, die lediglich den Tagungsraum füllt, aber keine Zimmerreservierung mit sich bringt, für ein bestimmtes Datum angenommen werden oder nicht?
» Ist der Zimmerpreis zu einem bestimmten Datum in Verbindung mit einer Tagungsanfrage niedriger, höher oder gleich hoch wie für Individualgäste?
» Wird eine generelle Ceiling – also ein Gruppen-Zimmerkontingent – eingerichtet oder ist in jedem Fall die Gruppenreservierungsanfrage mit dem Reservierungsleiter abzustimmen?“ (Zech 2010, S. 116)

Die Etablierung eines regelmäßigen Revenue-Management-Meetings stellt nicht zuletzt die für das gesamte Unternehmen sichtbare langfristige und umfassende Etablierung einer Revenue-Management-Kultur dar. Abgesehen vom praktischen Mehrwert der Aufarbeitung von KPIs vergangener Veranstaltungen sowie der strategischen Bearbeitung neuer Veranstaltungsanfragen wird hier die allgemeine Sichtbarkeit des Paradigmenwechsels hin zu einem dynamischen Preismanagement und Total Revenue Management gestärkt.

Zusammenfassung

Erst die Etablierung einer Revenue-Management-Kultur im Unternehmen ermöglicht die optimale Nutzung der technologischen Tools und somit die angestrebte Optimierung der Kapazitätsauslastung bzw. Gewinnmaximierung. Hierzu ist das Commitment aller beteiligten Mitarbeiter unerlässlich. Die Etablierung der Function-Space-Revenue-Management-Kultur erfolgt idealerweise in den folgenden vier Schritten:

[1] **Personenkreis identifizieren:** direkt und indirekt beteiligte Personen identifizieren, Zuständigkeiten festlegen und weitere Schritte in einem Kick-off-Meeting besprechen

[2] **Vorbereitende Schritte:** einheitlichen Wissensstand (bzgl. Fachbegriffe und Vorgehensweise) generieren, Szenario-Technik hinsichtlich alternativer Performance-Analysen vorstellen und Anreizsysteme etablieren

[3] **Umsetzung & Implementierung des Function Space Revenue Managements:** operative Umsetzung des Paradigmenwechsels, Abstimmung von Menschen, Prozessen und Technologien im Sinne eines dynamischen Preismanagements und intensive Schulung aller notwenigen Schritte

[4] **Regelmäßige Revenue-Management-Meetings:** Festlegung von Personenkreis und idealem Zeitpunkt (Wochentag, Turnus), Erstellung einer Standard-Agenda, strukturiertes Aufarbeiten relevanter KPIs und ggf. Diskussion von erforderlichen Strategieanpassungen

7 Einführung einer Revenue-Management-Technologie

Seit Jahren sind Themen wie Digitalisierung und Transformation in aller Munde. Spätestens mit der COVID-19-Pandemie ist das Thema „digitale Transformation" in nahezu allen Branchen und Bereichen in den Fokus gerückt. Die digitale Transformation ist unausweichlich, unumkehrbar sowie durch Schnelligkeit und Unsicherheit bei der Ausführung geprägt. (Krcmar, 2018) Hotels und Veranstaltungsstätten sind gut beraten, den digitalen Wandel im ganzheitlichen Kontext und als einen fortlaufenden Prozess zu betrachten. Eine erfolgreiche digitale Transformation berücksichtigt hierbei ebenfalls die Menschen, die Prozesse und die Technologie im Unternehmen.

In den vergangenen Jahren hat sich das Angebot an Revenue-Management-Technologien für die Hotellerie vergrößert und ist somit auch für kleinere, einzelne Unternehmen zugänglich und wirtschaftlich. Schätzungen von Skift Research im Jahre 2019 zeigen, dass 16,3 % aller Hotels weltweit eine Art Revenue-Management-Technologie nutzen. Zieht man davon die Inhouse-Lösungen großer Hotelketten ab, dann nutzen 12,3 % eine Revenue-Management-Technologie von Drittanbietern wie IDeaS, Infor, Duetto usw. (Wouter & SkiftTeam, 2019) Die meisten Revenue-Management-Systeme sind heute cloud-basierte Anwendungen. Allerdings konzentriert sich der Großteil der Systeme auf den Beherbergungsbereich und es bestehen signifikante Unterschiede in der Funktionalität und Methodik der angebotenen Revenue-Management-Software. Das Angebot geht von einfachen Pricing-Systemen, die regelbasierte Preisentscheidungen und die Änderungen von Zimmerratenlevel unterstützen, bis hin zu fortgeschrittenen und wissenschaftsbasierten High-Performance-Revenue-Management-Systemen, die den erwarteten Gesamtgewinn eines Gastes unter Berücksichtigung aller Einnahmenquellen und Kosten des Unternehmens optimieren. Hinzu kommt eine Vielzahl an Plattformen, die in Wirklichkeit keine tatsächlich „echten“ Revenue-Management-Systeme sind, aber als Market-Intelligence-Plattform den Revenue-Management-Prozess unterstützen. Die wesentlichen Unterscheidungsmerkmale sind der Grad der Automatisierung, die Häufigkeit der Optimierung, die Fokussierung auf interne Transaktionsdaten oder externe Marktdaten und Berücksichtigung des Total-Revenue-Management-Ansatzes. (Wouter & SkiftTeam, 2019)

Die komplexen und vorausschauenden Analysemethoden (siehe Kapitel 4.3) unterstreichen die Notwendigkeit eines nahtlos integrierten und wissenschaftsbasierten Revenue-Management-Systems. Ein fortgeschrittenes Revenue-Management-System fungiert als ein zentrales System im Total Revenue Management eines Unternehmens (→ Abb. 33).

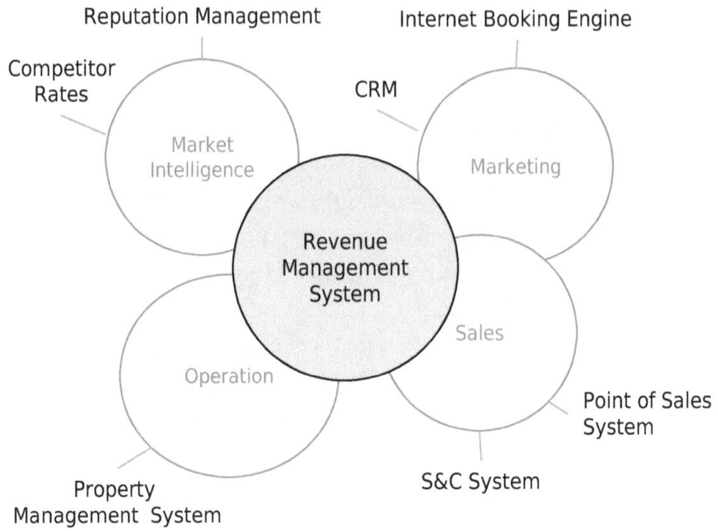

Abb. 33: Revenue-Management-System im vernetzten Ökosystem
Quelle: eigene Darstellung in Anlehnung an A Connect Eco-System in IDeaS, Hotel Revenue Management Ultimate Buyer`s Guide, Edition 2021a

Der Erfolg einer Revenue-Management-Software ist unabdingbar mit den Prozessen und den Menschen im Unternehmen verbunden. Vor der

Automatisierung des Prozesses sind die internen Prozesse zu untersuchen. Gelebte Prozesse müssen geprüft und auf die Rahmenparameter angepasst werden. Ebenso entscheiden die Akzeptanz und Anpassung der Nutzer (User Adoption) über den Erfolg einer Revenue-Management-Software. Ein Revenue-Management-System kann ihr Potenzial nicht entfalten, wenn es nur widerwillig genutzt wird oder Funktionalitäten ungenutzt bleiben.

Für die Auswahl und Bewertung von Revenue-Management-Technologie ist es wichtig,

» die grundlegenden Unterschiede der Revenue-Management-Plattformen zu kennen,
» ein Implementierungsteam (Projektteam) zusammenzustellen, das alle Anforderungen und Qualifikationen abdeckt und die unterschiedlichen Schnittstellen im Unternehmen erreichen kann,
» eine klare Zielsetzung festzulegen,
» einen detaillierten Anforderungskatalog und ein Pflichtenheft zu erstellen.

In → Abb. 34 ist ein vereinfachter Prozess zur Einführung eines Revenue-Management-Systems dargestellt.

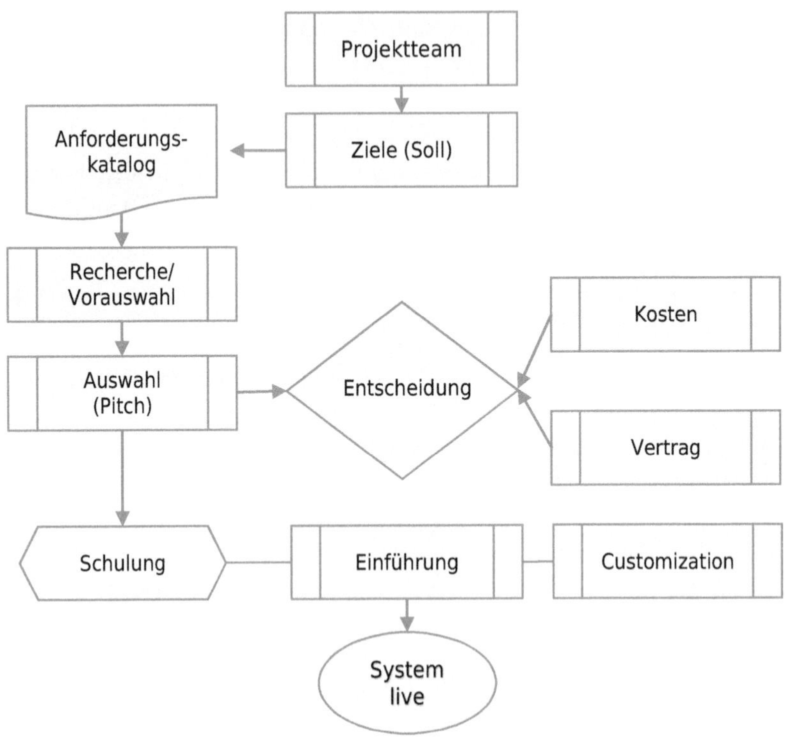

Abb. 34: Vereinfachter Prozess der Einführung einer Revenue-Management-Software
Quelle: eigene Darstellung

Bei der Auswahl des Revenue-Management-Systems sollten u.a. folgende Kriterien untersucht und bewertet werden:

» **Grad der Automatisierung:** Eine Entscheidungsfindung, die auf manuell benutzerdefinierten Regeln oder auf komplexen wissenschaftlichen Algorithmen basiert, die aber für den Revenue Manager im Detail nicht erklärbar sind. Algorithmen und künstliche Intelligenz sind wie eine Blackbox. Viele Revenue Manager legen Wert auf die Erklärbarkeit der Algorithmen für die jeweilige Entscheidung im Revenue Management. Welche Methode führt zu einer höheren Genauigkeit des Forecasts und zu besseren Preisentscheidungen? Der US-

Informatiker Pedro Domingos hat in einem Spiegel-Interview die Bedeutung des maschinellen Lernens anhand eines Beispiels aus der Krebsforschung, in der maschinelles Lernen bereits eine große Rolle spielt, sehr gut veranschaulicht. Die Frage ist, vertrauen Sie einer Diagnose, die auf einem Algorithmus basiert und zu 90 % akkurat, aber nicht erklärbar ist, oder einem Algorithmus, der nur zu 80 % genau ist, aber den Sie verstehen? (Scheuermann/Zand, 2018)

» **Grad der Systemintegration:** Die Integration des Revenue-Management-Systems in die gesamte Technologie des Unternehmens und nahtlose Schnittstellen zu den anderen Systemen.

» **Art der Daten:** Werden detaillierte Transaktionsdaten oder generelle Systemdaten für die Berechnungen verwendet?

» **Methoden zur Preisgestaltung:** Inwiefern wird die Preissensibilität und die tatsächliche Nachfrage pro Preispunkt in der Preisgestaltung berücksichtigt? Ist ein komplexes analytisches Pricing möglich? Erfolgt ein Pricing individuell pro Zimmertyp?

» **Evaluierung von (Veranstaltungs-)Gruppenpreisen:** Werden Gruppenblöcke und Abrufkontingente berücksichtigt und ist eine Bewertung von Gruppenanfragen zur Preis- und Annahmeentscheidung möglich?

» **Function Space Revenue Management:** Demand-Forecast und Preisentscheidungen für die Veranstaltungskapazitäten mit und ohne Zimmergruppenblöcke.

» **Total Revenue Management und Profit Optimization:** Werden alle Einnahmequellen und deren Kosten berücksichtigt?

» **Training und Support:** Hier spielt die Erreichbarkeit und die Sprachoptionen des Supports und der wichtigen Ansprechpartner eine entscheidende Rolle. Welche Methoden des Wissenstransfers und des Trainings stehen zur Verfügung?

» **Kosten:** Was sind die Gesamtkosten? Was sind die Opportunitätskosten?

Die erfolgreiche Einführung einer Revenue-Management-Software bedarf einer sorgfältigen Planung, Recherche und Bewertung. Grundlage ist ein detaillierter Anforderungskatalog, der die Prozesse und Ressourcen des Hotels berücksichtigt. Je nach Art des Revenue-Management-Systems verändert sich die Rolle des Revenue Managers von einem taktischen zu einem strategischen und analytischen Ansatz. Im Sinne des Function Space Revenue Managements ist es ratsam ein Revenue-Management-Team zu etablieren, das alle Qualifikationen und Anforderungen abdeckt.

Etablierte Revenue-Management-Systeme (wie Infor und IDeaS) haben die Erfahrungen und Expertise genutzt und die Systeme im Sinne eines Total Revenue Managements weiterentwickelt. Sie bieten Software für ein automatisiertes Revenue Management im MICE an.

Zusammenfassung

Das Angebot von Revenue-Management-Technologie geht von einfachen Pricing-Systemen, die regelbasierte Preisentscheidungen und die Änderungen von Zimmerratenlevel unterstützen, bis hin zu fortgeschrittenen und wissenschaftsbasierten High-Performance-Revenue-Management-Systemen, die den erwarteten Gesamtgewinn eines Gastes unter Berücksichtigung aller Einnahmequellen und Kosten des Unternehmens optimieren.

Der Erfolg einer Revenue-Management-Software ist unabdingbar mit den Prozessen und den Menschen im Unternehmen verbunden.

Ein fortgeschrittenes Revenue-Management-System fungiert als ein zentrales System im Total Revenue Management eines Unternehmens. Für die Auswahl und Bewertung von Revenue-Management-Technologie ist es wichtig,

» die grundlegenden Unterschiede der Revenue-Management-Plattformen zu kennen,

- ein Implementierungsteam (Projektteam) zusammenzustellen, das alle Anforderungen und Qualifikationen abdeckt und die unterschiedlichen Schnittstellen im Unternehmen erreichen kann,
- eine klare Zielsetzung festzulegen,
- einen detaillierten Anforderungskatalog sowie ein Pflichtenheft zu erstellen.

Literatur

American Express (2020): 2021 Global Meetings and Events Forecast; abgerufen am 15.02.2021 von https://www.amexglobalbusinesstravel.com/ca/meetings-events/meetings-forecast/

Baker, Terence (2018): Revenue Management – Are Revenue Managers using the best performance data?; abgerufen am 16.11.2020 von http://www.hotelnewsnow.com/Articles/274637/Are-revenue-managers-using-the-best-performance-data

Corsten, H., Stuhlmann, S. (1998): Yield Management — Ein Ansatz zur Kapazitätsplanung und-steuerung in Dienstleistungsunternehmen. In: Corsten, H. (Hrsg.): Schriften zum Produktionsmanagement, Nr. 18. Kaiserslautern

Cross, R.G./Higbie, J.A./ Cross, D.Q. (2009): Revenue Management's Renaissance, Cornell Hospitality Quarterly, Volume 50, Issue 1, S. 56–81

Daudel, S./Vialle, G. (1992): Yield Management, Erträge optimieren durch nachfrageorientierte Angebotssteuerung, Campus Verlag, Frankfurt/Main, New York

Davenport, T. H./Harris, J. G. (2017) Competing on Analytics: Updated, with a New Introduction: The New Science of Winning. Vol. Updated, with a new introduction, Harvard Business Review Press

EITW (2019): Meeting- und Eventbarometer Deutschland 2018/2019; abgerufen am 08.01.2021 von https://www.gcb.de/fileadmin/GCB/Discover_Germany/MEBA/190516_MEBa_ManagementInfo_2019.pdf

EITW (2020): Meeting- und Eventbarometer Deutschland 2019/2020; abgerufen am 05.01.2021 von https://www.evvc.org/sites/default/files/2020-05/MEBa_ManagementInfo_2020.pdf

EITW (2020a): Auswirkungen des Corona-Virus auf den deutschen Veranstaltermarkt: Anbieter-Befragungen und Szenarien-Modelle; abgerufen am 05.01.2021 von https://www.evvc.org/sites/default/files/2020-05/20200506_Auswirkungen_Corona-Virus_Handout_0.pdf

Frömmer, R. (2021): Unterricht auf dem Nockherberg: Schulkinder statt Starkbier; abgerufen am 20.01.2021 von https://www.abendzeitung-muenchen.de/muenchen/unterricht-auf-dem-nockherberg-schulkinder-statt-starkbier-art-698514

FUR (2020): RA Business 2020 – Zentrale Ergebnisse zu Einstellungen und Verhalten bei Übernachtungsgeschäftsreisen der Deutschen; abgerufen am 15.01.2021 von https://reiseanalyse.de/ra-business/

GCB (o.J.): Green Meetings in Deutschland: Erfolg plus Umweltbewusstsein; abgerufen am 19.02.2021 von https://www.gcb.de/de/trends-inspiration/green-meetings.html

Kimes, S. E. (1989): The basics of yield management, Cornell Hotel and Restaurant Administration Quarterly, 30(3), S. 14–19

Kimes, S. E. (1989b): Yield management: A tool for capacity-considered service firms, Cornell University, School of Hotel Administration

Kimes, S.E./Chase R.B. (1998): The Strategic Levers of Yield Management, Cornell University, School of Hotel Administration

Kimes, S. E. (2017): The future of hotel revenue management. Cornell Hospitality Report, 17(1), 3–10

Klein, R./Steinhardt, C. (2008): Revenue Management. Grundlagen und Mathematische Methoden. Springer Verlag, Berlin, Heidelberg

Kottler, P./Bliemel, F. (2001): Marketing-Management, Analyse, Planung und Verwirklichung, 10. Überarbeitete und aktualisierte Auflage, Schäffer-Poeschel-Verlag Stuttgart

Krcmar, H. (2018); in Digitale Transformation – Fallbeispiele und Branchenanalysen von Oswald, G./Krcmar, H., Springer Gabler Verlag, Wiesbaden

Maugé, M. (2012): Ein Blick in die Zukunft der Tagungswirtschaft in Kongresse, Tagungen und Events, Potenziale, Strategien, Trends in der Veranstaltungswirtschaft von Schreiber, M.-T, Oldenbourg Wissenschaftsverlag GmbH, München

McGuire, K.A./Wood, D.E. jr. (2016): The Analytic Hospitality Executive: Implementing Data Analytics in Hotels and Casinos, John Wiley & Sons, Incorporated

Müller-Stewens, G./Gillenkirch (2021): Was ist Strategie?; abgerufen am 20.01.2021 von https://wirtschaftslexikon.gabler.de/definition/strategie-43591/version-266920

Noone, B. M./Enz, C.A./Glassmire, J. (2017): Total hotel revenue management: A strategic profit perspective, Cornell Hospitality Report, 17 (8), S. 3–15 o.V. (2020a): Die Herausforderungen von Veranstaltungsplaner*innen angesichts der Corona Krise, Verband der Veranstaltungsorganisatoren e.V., Mai 2021

o.V. (2020b): Daten & Fakten zum Online-Reisemarkt 2020; Verband Internet Reisevertrieb e.V. (VIR); abgerufen am 10.01.2021 von https://v-i-r.de/wp-content/uploads/2020/03/web_VIR-DF-2020.pdf

o.V. (2020c): Hotels more dependent than ever on online travel intermediaries for bookings; HOTREC Press Release; abgerufen am 20.09.2020 von https://www.hotrec.eu/wp-content/customer-area/storage/52eb26c97341df7acb4e4f41fa8c409e/24-July-2020-Hotels-more-dependent-than-ever-on-online-travel-intermediaries-for-bookings.pdf

o.V. (2020d): So buchen Sie die Tagungspauschale richtig, abgerufen am 15.12.2020 voin https://www-fvw-de.pxz.iubh.de:8443/businesstravel/reiseservice/tagungen-so-buchen-sie-die-tagungspauschale-richtig-115635?crefresh=1

o.V., (2021a): Kleinevents: Automatisch rentabel, Tophotel Nr. 1–2, S. 34–37

o.V. (2021b): Hotel Revenue Management Ultimate Buyer`s Guide, Integrated Decisions & Systems, Inc. (IDeaS - A SAS COMPANY), Edition 2021

Sackmann, S. (2017): Unternehmenskultur: Erkennen – Entwickeln - Verändern, erfolgreich durch kulturbewusstes Management. 2. Auflage. Springer Gabler Verlag, Wiesbaden

Sakschewski, T. / Siegfried, P. (2017): Veranstaltungsmanagement - Märkte, Aufgaben und Akteure. Springer Gabler Verlag, Wiesbaden

Scheuermann, C./Zand, B. (2018): “Wir überlassen den Maschinen die Kontrolle, weil sie so großartig sind.”, Der Spiegel, Nr. 16 vom 13. April 2018

Schultze, M. (2017): Blog: Delegate Journey, GCB German Convention Bureau e.V.; abgerufen am 02.02.2021 von https://www.gcb.de/de/news-downloads/stories/ms-blog/blogserie-matthias-schultze-delegate-journey.html

Sonntag, U./Reif, J./ Schmücker, D, Eisenstein, B. (2021): RA Business 2020, Zentrale Ergebnisse zu Einstellungen und Verhalten bei Übernachtungsgeschäftsreisen der Deutschen; Forschungsgemeinschaft Urlaub und Reisen e.V. (FUR) in Kooperation mit dem Deutschen Institut für Tourismusforschung der FH Westküste (DITF) und dem Institut für Tourismus- und Bäderforschung in Nordeuropa GmbH (NIT)

TUI Cruises (o.J.): Sichere Incentive-Reisen und Business Events an Bord der Mein Schiff Flotte. Abgerufen am 19.02.2021 unter https://www.tuicruises.com/incentives

VDVO (o.J.): mastermind – Partizipative Veranstaltungsformate – Status Quo, Wirkungsweise, Handlungsempfehlungen; abgerufen am 15.01.2021 von https://vdvo.de/mehrwerte/ebooks/

Wouter, G. & Skift Team (2019): The Hotel Revenue Management Landscape 2019, Skift Research, Skift Inc.

Zech, N. (2010): Administratives Event-Management in der Hotellerie. Matthaes Verlag, Stuttgart

Stichwörter

U

V

W

Y